前言

PREFACE

1987年世界环境与发展委员会在《我们共同的未来》报告中第一次阐述了可持续发展(Sustainable Development)的概念，得到了国际社会的广泛共识。我国在“十二五”规划纲要中也明确提出绿色发展，建设资源节约型、环境友好型社会。

发展绿色建筑对于实现科学发展、建立循环经济模式、建设低碳社会具有重要意义。绿色建筑是应对全球气候变化的重要途径，在我国大规模城市化进程中，已成为促进产业结构调整，带动产业升级的重要载体。而可持续发展作为一种全新的建筑观，为建筑学发展树立了新的里程碑，正在全球范围内引发一场新的建筑变革。

可再生能源应用是实现建筑可持续发展的有效手段，一体化设计施工为绿色建筑提供系统性技术保障。为了展示可再生能源和建筑一体化在世界绿色建筑中的运用，介绍国内外绿色建筑技术和实践成果，我们编撰了《可再生能源应用技术与建筑一体化》一书，集中关注可再生能源应用技术，包括太阳能应用、自然通风、水循环技术、潮汐能发电、地源热泵等。本书精选了来自西班牙、奥地利、比利时、英国、丹麦、美国、德国等众多国家的优秀项目案例，这些方案中不乏获得各种国际绿色建筑认证和区域性奖项的优秀案例，可供建设领域相关研究人员、建筑师、设计师、工程师、建设管理人员参考借鉴。

目 录

办公

商业

Contents

住区

教育

其他公共服务

西班牙帕尔马阿尔塔斯园区

Spain Parma Altas Park

@Arup

项目概况

项目地点：西班牙 塞维利亚市

绿色认证：LEED 铂金预认证

所获奖项：2010 年英国皇家建筑师协会（RIBA）杰出建筑奖
2010 年美国建筑师协会（AIA）杰出环境设计奖
2010 年欧洲 Prime Property Award 优秀可持续实践

占地面积：100000 m^2

Abengoa 总部办公区面积：27800 m^2

其他办公区面积：19200 m^2

停车场占地：3500 m^2

广场面积：10500 m^2

投资：1.32 亿欧元

委托方：Centro Tecnologico Palmas Altas (Abengoa)

建筑设计：Rogers Strik Harbour + Partners，Vidal and Asociados Arquitctos

结构工程、MEP 工程、防火设计、幕墙顾问：Arup

@Arup

@Arup

景观创造微气候

借鉴安大路西亚地区的传统，在建筑中设置天井，以创造微气候。这项设计的优点在于，它可以创造稳定的微气候，而且在夏季还有降温功效。可以通过多种途径使天井降温。利用水景是一种非常有效的措施，例如设置池塘，产生蒸发作用；栽植植物，水分通过植物蒸发；或者设置喷雾（喷泉）设备。

注释

安大路西亚：位于西班牙南部，邻近地中海，夏季炎热，故建筑中常设有天井。

@Arup

利用特殊材质的热辐射

采用热质并利用热辐射，建筑外表面得到充分利用。这些方法并非首创，例如一种运用特殊陶瓷技术加工的矿物质硬质墙面就是安大路西亚的建筑传统。热质可以有效降低热量的吸收和散失，有利于建筑在夜间保温。露石混凝土结构以及直接与外界接触的混凝土板有助于达到这项效果。

水循环技术

项目组为天井设计了一个水滴系统，用来促进天井内空气的冷却。空气被压入一个冷却管道，其中布满水滴，通过蒸发降温，为天井提供冷湿空气。这些冷空气可以输送到各个办公空间。

注释

热质：热能当量的质量。

@Arup

@Arup

太阳能烟囱技术

太阳能烟囱可以促进建筑内的空气流动，将天井中的冷气传送到其他楼层。南向的玻璃通风管道将屋顶通过热交换形成的热空气通过风力释放出去。塞维利亚当地较大的日夜温差（大于 15 ℃），利用温差对流设计措施使空间的通风 / 冷却不需要任何能耗。

围护结构的热绝缘和密闭性

由于塞维利亚冬季气候较温和，而且建筑的体型设计降低了比表面积，所以热绝缘技术在建筑设计中占第二位。项目组将玻璃窗的目标 U 值设定为 2.0W/m²K，比西班牙针对该气候区制定的相关标准高出 40%，以便将热量需求减小到最低，同时符合玻璃幕墙的标准规范（不需要添加涂层，也不需要填充惰性气体）。项目建成后，对双层玻璃外表面进行测量，得出的 U 值为 1.98W/m²K，达到了预期效果。

渗透性虽然在冬季甚至严寒时节对建筑的影响不大，但是在夏季，会增加总体的制冷荷载。因此建筑立面的细部设计特别专注于提高建筑的密闭性。为了确保最终的设计能够满足这些要求，成套系统的效能优良，600PA 之下 1.5 m³/ m²/ hour（达到 EN 121521 的 A4 标准），性能大大优于西班牙标准 (50m³/ m²/hour)。

@Arup

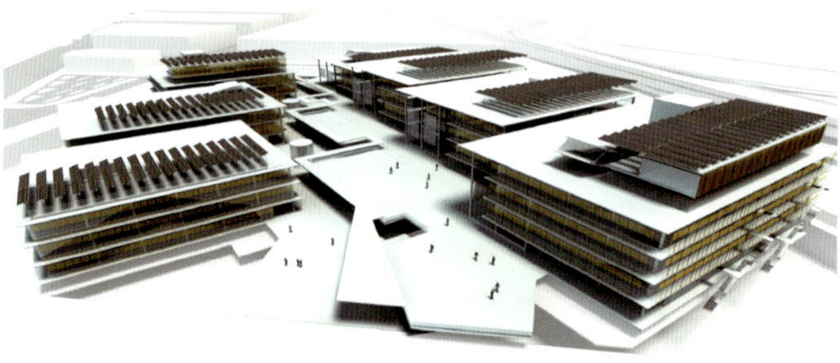

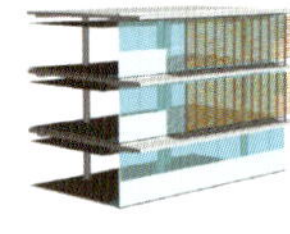

Este

Oeste

Oeste con calle

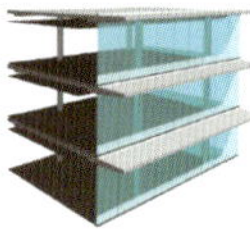

Sur

Estudios preliminares de tipos de fachada en función de la orientación

@Arup

主动冷梁系统

冷梁系统可以同时满足加热和制冷的需要，是注有冷却水的片状管道，通过自然的热交换来冷却空气（FIGS1617）。设备的室内部分非常轻薄，运行安静。为了提高效率，项目组选用了一种主动冷梁系统。塞维利亚地区的冬天气候温和，因此对加热需求不大。项目组选择了为部分区域有选择地供热，热水对流式加热机为选定的区域加热。

主动式冷梁是一种带新风诱导的气一水换热末端装置。由空调箱处理的室外新风被送入冷梁后，经喷嘴高速喷射在箱体内部形成局部负压，诱导室内空气（二次风）从多孔板风口面板进入冷梁，再经过热交换器的冷却后，与一次风混合并从两侧送风口贴附送入室内。

冷梁技术利用辐射换热使冷冻水温度提高到 16℃以上，传统供水温度为 7℃，增大了冷水机组能效比，达到节能的效果。

另外，冷梁系统在运行过程中取消了风机，从而降低了运行噪声。由于冷梁的冷冻水供水温度较传统空调的高，减小了换热温差，避免了在冷梁下活动的人有吹风感及干冷的感觉，提高空调系统的舒适度。

@Arup

遮阳

建筑所在地区夏季炎热，且日照时间长，这要求建筑师通过设计避免不必要的热量获取。首先，采用相关技术来使太阳能系数达到理想水平。通过对双层玻璃中的外层玻璃内表面施以涂层，太阳能系数达到35%，透光系数达到50%。

除此之外，外立面还需要其他更有力的措施来控制对太阳热辐射的吸收。最有效的方法就是针对建筑立面的不同朝向进行设计。太阳照射到建筑物南侧时，所处位置较高；而照射到东侧和西侧时，高度较低。设计师在外部遮阳设计中对光照的这一变化特点进行了充分考虑，同时还考虑到透光度和光泽度。

在太阳高度角较高时，从屋顶伸出的长悬臂为建筑遮光，在早晨和下午太阳高度角比较低的时候允许光照射入。建筑南侧还在悬臂下额外设置了网状屏隔系统，在不影响采光的前提下提高了对太阳辐射的防护。当太阳升到最高点，或者运行到东（西）侧时，网格的阻挡效果更加明显，使南侧立面达到了理想的防辐射效果。

建筑物的东侧和西侧需要与上述措施不同的方法。在这两侧，太阳照射角度较低，设置网格不能达到理想效果。建筑师在外墙周围设置了遮光栅格和水平薄板，固定在悬臂的边缘。遮光栅格和薄板之间的距离是根据不同朝向上太阳运行的路径特点而设定的，以便在夏天阻挡太阳辐射，同时满足自然采光的需求。为了增加透光度，薄板的上表面为白色，以便将日光反射入室内，下表面为黑色，以适应大楼整体的色调。

总体来讲，建筑通过设计玻璃、彩色栅格和金属网格等措施，营造了性能良好、通透性强的建筑围护结构。保证了正午时分建筑物有充分的荫凉，而且没有光污染，悬臂的设计使得建筑不必直接经受风吹日晒，更加干净，同时利于保洁。

@Arup

中央暖气系统和冷却设备

经过论证，采用的解决方案是利用三联产过程中产生的过剩热能，辅以电加热。这种方式之下，能耗指标和二氧化碳排放量均很低。

三联产技术是热电联产（CHP）的进一步发展。传统热联产系统可发电产热，但是要实现经济高效地运行，需要维持热需求和电力需求的平衡；而这在办公建筑中并不容易实现。三联产技术利用发电机引擎的余热，通过一个吸收冷却系统生成冷却水，从而解决了这一问题。CHP 发动机可使用多种燃料。Palmas Altas 园区使用了天然气发动机，它节省空间、保证持续供应，也符合业主的要求。设备占用较小的空间为 Abengoa 公司大楼供热、降温。系统的输出由热（冷）负载控制。

碟式斯特林系统

碟式斯特林系统通常被称为太阳能热电系统，以区别于传统太阳能电池板。燃料电池和碟式斯特林热电太阳能系统的性能已经大量实验证明，欧美一些公司已经将其投入市场。为了体现园区的高科技特性，在园区入门处的显要位置安装了一套直径 8.5m 的 10 kW 碟式斯特林系统，结合利用太阳能为电解软化水生成氢气提供动力，剩余的电力用于园区内部供电。生成的氢气为一个 2.4kW 的燃料电池系统提供能源，为园区的外部照明供电。

作为一种聚集太阳能量的技术，这套系统包含一个直径很大的抛物柱面镜，焦点处有一个斯特林外燃机，这种热电太阳能应用系统应用于建筑楼宇的前景广阔。碟状装置持续追踪阳光轨迹，以便光线能够反射到焦平面，因此可以得到一个反映太阳能分布变化的高斯模型和大量热量。斯特林发动机是一种外燃机，运用同样名称的热力循环系统。在应用中，它主要有两项优势：配套的热力循环系统在运行全过程中可以达到理论上的最高功效，作为外燃机，它在运行中吸收热量。

光电太阳能

西班牙的建筑规范要求所有新建办公楼通过太阳能电池供电来满足一定比例的电能需求。项目组在建筑围护结构中使用光伏电池板，在财政允许的条件下尽量符合峰容量的需求。

遮阳的棚架适合用于安放电池板，这些轻质的铺面没有任何其他建筑遮蔽，光伏电池板可替代传统铺屋面材，避免额外的支撑结构，节省材料；而棚架是半透明的，可以安装光伏电池板，而且棚架的底面通风，拒绝过度的热量，为电池获得最佳性能提供了条件。最终的解决方案从建筑设计和墙面遮阳的角度出发，采用了多晶硅面板（几乎不透明）和非结晶面板（透明），提供 174kWp 的能源。它能够满足最小能源需求，并为 Abengoa 公司又提供了一种能量来源。

注释

Wp=Wpeak：即峰值功率。每天太阳照射角不同，输出功率不同，最大输出功率即峰值功率。

欧洲太空中心
Euro Space Center

© photo:Marie Fran,coise PLISSART

项目概况

项目地点：比利时 卢森堡省 利宾川斯

建筑设计：Philippe SAMYN and PARTNERS Architects & Engineers

摄影：Andres FERNANDEZ MARCOS

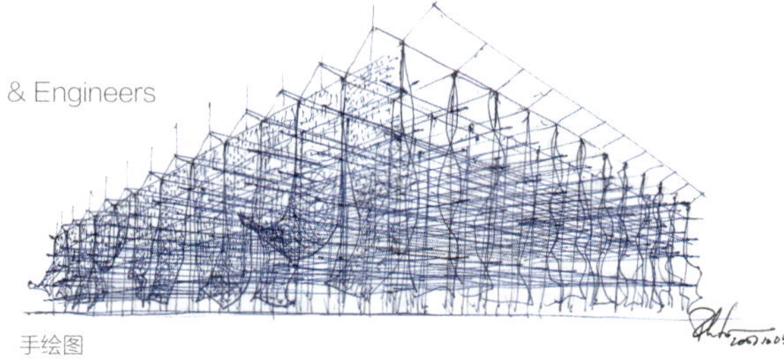

手绘图

© photo:Marie Fran,coise PLISSART

© photo:Marie Fran,coise PLISSART

坐落于利宾川斯（Libin-Transinne）连接布鲁塞尔和卢森堡的高速公路旁边，欧洲太空中心的职责在于传播欧洲的航空探索活动和电信科技知识。除了展览和交互设施之外，它还向学生和公众提供接近、熟悉空间科学的机会。原有的建筑尽管耗费了非常有限的资源，却没有在外观上将其功能准确鲜明地展现给外界，而实际上其中开展的活动具有很高的科技水平。

太阳能技术

主要有四种类型的太阳能技术：

1. 光伏 (PV) 系统，利用由半导体材料制成的光伏电池把太阳能直接转化为电能。

2. 集中太阳能 (CSP) 系统，用如槽体或玻璃面板之类的反射设备集中太阳能以产生热量，再由此发电。

3. 太阳能水热系统，包含一个面向太阳的太阳能收集器，利用此收集器直接加热水，或加热不停流动的“工作液体”进而再加热水。

4. 太阳蒸汽收集器，或称“太阳墙”，利用太阳能来预热建筑物中流通的空气。

© photo:Marie Fran,coise PLISSART

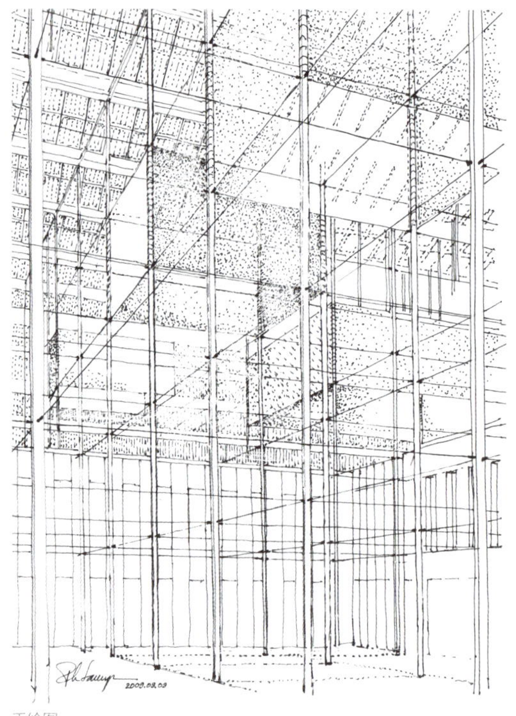

手绘图

基于这个原因，许多航天和通信企业希望在这里修建新的设施。项目计划建造一种组合“聚落”，由 2 至 4 层的由变化的几何构造组成的木质结构。一个大型的平行六面体（52.80m 长，43.20m 宽，16.20m 高），外形如同一座凸出的温室，将把普通屋顶下的建筑围合起来。沿高速公路一侧的玻璃幕墙被延长为 120m 长的走廊，覆盖在既有建筑之上。接待大厅和走廊由边长 4.8m 的薄金属管构件装饰，四层钢索相互间距 3.24m，在正交方向上将垂直方的管件连接并扣住。由钢索施加的压力，以及风引起的压力，被外围垂直方向上成组的格状梁架减弱，这些梁架由呈十字状的水平闩和钢缆相互连接。建筑向公路行人传达出太空中心的特质以及合作企业的形象。

建筑南侧的屋顶斜面和外立面安装了光伏面板，总面积达 $5060m^2$。这些光伏面板巧妙地与建筑相结合，为大楼提供电能。电池的原料，纯度为 99.999% 硅提取自的砂中，经过严格的提纯转化，得到纯度为 99.999999% 的工业硅，应用于电子工业或安装在光伏电池中用作半导体材料，与光发成反应，这些轻薄的晶圆片感光生成电流。

太阳光伏发电系统

太阳能光伏发电系统是利用太阳能电池直接将太阳能转换成电能的发电系统。由太阳能电池组、太阳能控制器、蓄电池（组）和太阳跟踪控制系统组成。如输出电源为交流 220V 或 110V，还需要配置逆变器。其特点是可靠性高、使用寿命长、不污染环境、能独立发电又能并网运行。

太阳能如何转化成电能

太阳光由许多叫做光子的微小能源粒子组成。光伏系统使用半导体材料（比如硅），来吸收一部分光子并将其转换为电子。这一过程称为光电效应，也是光伏电池将太阳光转化为电能的基础物理过程。

© photo:Marie Fran,coise PLISSART

© photo:Marie Fran,coise PLISSART

© photo:Marie Fran,coise PLISSART

© photo:Marie Fran,coise PLISSART

© photo:Marie Fran,coise PLISSART

© photo Marie Fran.coise PLISSART

© photo Marie Fran.coise PLISSART

© photo Marie Fran.coise PLISSART

© photo:Marie Fran,coise PLISSART

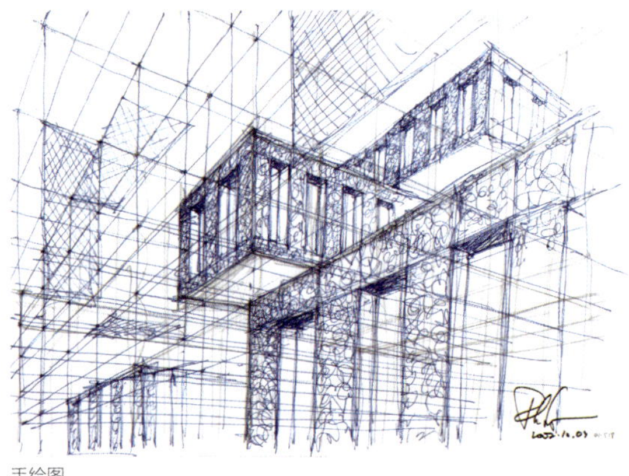
手绘图
© phitippe:SAMYM and RARTNERS

© photo:Marie Fran,coise PLISSART

手绘图
© phitippe:SAMYM and RARTNERS

太阳能转化效率

太阳以很广阔的光谱发出很多能量，但我们目前只能依靠光伏技术来获取这些光谱中很小一部分的能量。现在，商用光伏系统的转换效率在 7% 到 17% 之间。与之比较，一个典型的化石燃料发电器的效率在 28% 左右。然而在实验室条件下，一些光伏电池可将太阳光中所含能量的近 40% 转换为电能。

手绘图
© phitippe:SAMYM and RARTNERS

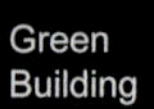

IDOM 公司毕尔巴鄂总部
IDOM Headquarters in Bilbao

项目概况

建筑设计：ACXT 建筑事务所

建筑面积：14400m^2

项目位置：西班牙 毕尔巴鄂

获奖：建筑节能设计符合皇家法令“47/2007”的 A 类标准

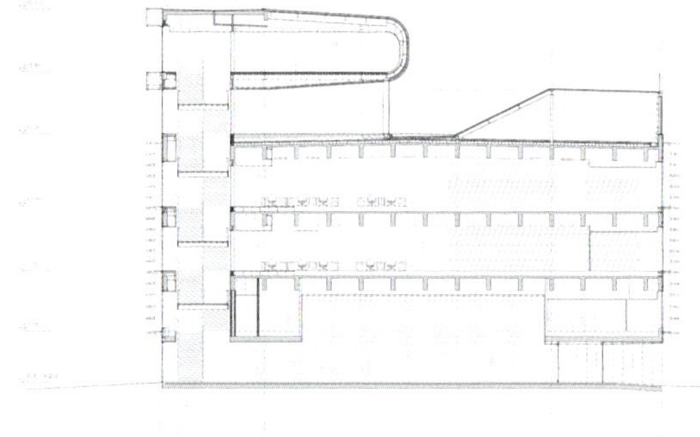

剖面图

IDOM 集团公司新办公楼位于西班牙毕尔巴鄂市 Deusto 河畔的原保税仓库。办公楼面积 14400m^2，共六层，配有研发区、绝尘室、标准车间、仓库、停车场、办公室以及社交空间。作为全球最大的建筑公司之一，IDOM 采用自己的团体 ACXT 建筑事务所设计完成。建筑设计注重可持续理念，专业的多学科小组根据公司的文化从概念设计开始提供了一个全面的建筑解决方案，提高能源使用效率，优化分配电信资源。

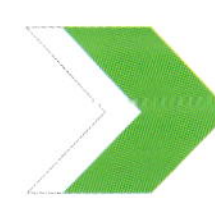

被动式设计

该建筑坐落在气候温和的城市，平均气温 15℃，最低温度 -1.2℃，最高温度 30.5℃ . 每日平均温差浮动小于 10℃。此外，当地天气以阴天居多。因此建筑设有较大的开口，在对一年中大多数时间进行的评估中证明，对增加散射辐射量具有有益的贡献。玻璃占墙面的比例在 60% 左右，隔热保温性得到了明显的优化。玻璃幕墙具有良好的导热系数（U =1.8 W/m^{2}K），不透明表面有较强的的保温隔热性能。针对阳光辐射强烈的情况，高性能透明的玻璃幕墙的东、西、南面结合了具有防晒功能的户外遮阳伞。西立面还采用了更多的遮阳措施。北立面安装了 Low-E 防晒玻璃。在太阳照射区域办公设备密度较低，与散射辐射作用相配合。遮阳板设计标准针对连续的外部太阳辐射，对散射辐射现象做出响应。因为本项目是对既有建筑物的改造，所以建筑物的朝向不能改变。此外通过覆盖具有很高绝热性的防尘罩，在机房和活动区之间建立一个缓冲区。机房的地板具有效果显著的隔热和隔音效果。在建筑的周边接近外墙的区域，为了减少过度的自然光辐射，墙壁和天花板都涂成了煤灰色。室内采用乳白色。此外，建筑整体外形良好，是其增强节能性能的关键因素之一，优化建筑物室内空间处理系统的内部荷载。

在设计过程中建筑师运用了多种设计方法。最后选定的方案从美学、费用和维护方面达到了最佳平衡。采用由 HEA 钢型材支撑的挤压铝合金型材，以及 AISI 316 型不锈钢螺丝钉。建筑外围护结构组成：铝合金和矿毛绝缘纤维构成的遮光设备，立柱之间的空间中，高性能玻璃安装于铝框架幕墙。在横条栏和外墙之间，设有用于清洁玻璃用的平台。在室内，建筑设计将原有的构件和新构件相结合。在大多数楼层，原有结构（港口仓库）的巨大横梁都没有进行遮挡。原来用作汽车电梯的开口现在改为大型楼梯，还设置了视线覆盖办公室和运河的玻璃幕墙电梯。在大厦的顶层，原来噪声很大的汽车电梯设备间，现在是一个安静的图书馆。

细部构造图

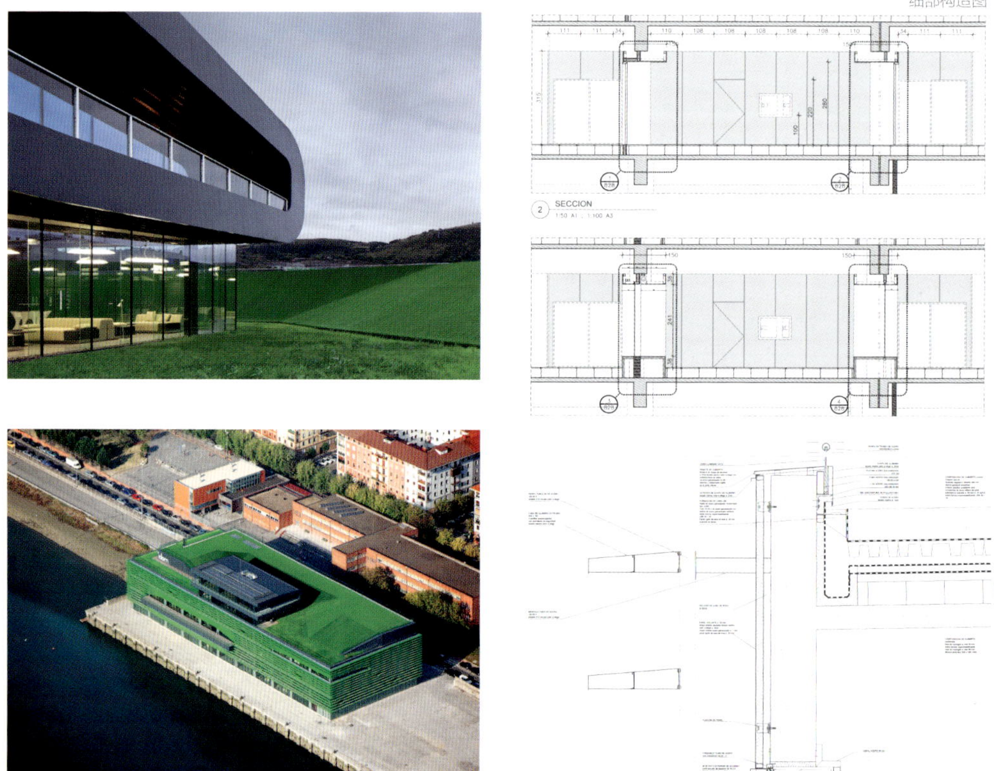

细部构造图

主动节能系统

大楼采用了高效节能革新措施：高效节水龙头和卫生设施，位于草坪之下的屋顶雨水收集池，用于花园自动供水；自动照明管理系统，外墙遮阳横栏，塔楼屋顶光伏电池板以及水系统特别的蒸发运动方式和采暖通风空调设备。设计的目标是实现高效的主动系统特征：供热空调、通风、照明及 ACS 开发。在空调、供暖和通风方面采用了以下策略：高性能散热设备，最大化节能的风机和水，使用余热回收系统和广义的自然冷却，空气除湿控制器，以避免过度干燥，生活热水余热回收，旨在节约能源的自动化系统。在电气安装节能和发电方面采取了以下措施：利用太阳能光伏板发电、低 VEEI 系数的照明设备、广泛使用高效照明控制设备。大厦屋顶设有一个规模为 20 kWp 的光伏电池板电力系统。

高性能散热设备

——高效冷水机组（EUROVENT 标准 A 级）。水流量温度在 15℃ ~29℃（根据外界温度有所变化），能效比大于 4（在实际工作条件下的季节性值）。在第二单元，在较低的温度下生成水，以确保除湿，建立一个控制回路，提高性能。高温冷水机组的余热回收系统在一年中吸收锅炉的大量余热。冷凝式锅炉产生额外的热量，ICP 定额输出为 107%。设定的工作温度可以促进设备在运行过程中的水凝结。

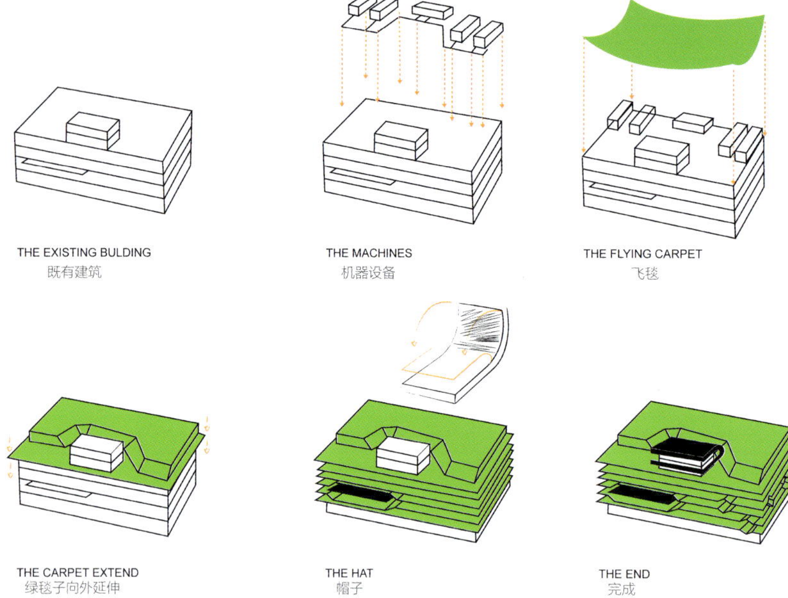

HVAC 系统

对于 HVAC 系统，设计安装了不同颜色的梁：被动式冷梁，并将通风采暖空调设备和照明设备围拢起来。据测算，与相似建筑的普通能耗值相比，这些措施将使建筑节能近 60%。冷梁集成水电池，灯具和照明传感器安装于原有的巨大横梁之间，因为这些横梁没有被遮挡，因此它们巨大的热量惯性可以用来在 HVAC 系统运行或关闭时用来缩小日间和夜间的温差。采暖通风空调系统与无机械部件的水电池协同工作。它有助于创造一个高效、持久的系统，只需最低维护。通风扩散系统 受热空气从地面以非常低的速度上升，到达天花板时与电池接触，然后在自然对流作用下下沉。

HVAC 系统是指采暖通风与空气调节系统（Heating, Ventilating and Air Conditioning），一般由冷冻机房、空调机房、锅炉、热交换器、冷水机组、空调机组、加湿器等组成，用以控制温度、湿度、洁净度和气流分布，达到提供舒适的室内环境，并且节能、节水、降噪等目的。

余热回收和自然冷却

设于各处的余热回收系统：余热回收冷水机组冷凝器。即使在冬天的时候，建筑的许多机器设备都在热回收的范围之内。使用热回收冷水机组，在满足要求的同时，不产生额外负荷。空气换热器的废气余热回收焓值的效率在 70%左右。空气换热器配有旁路，减小自然冷却过程中的损耗。

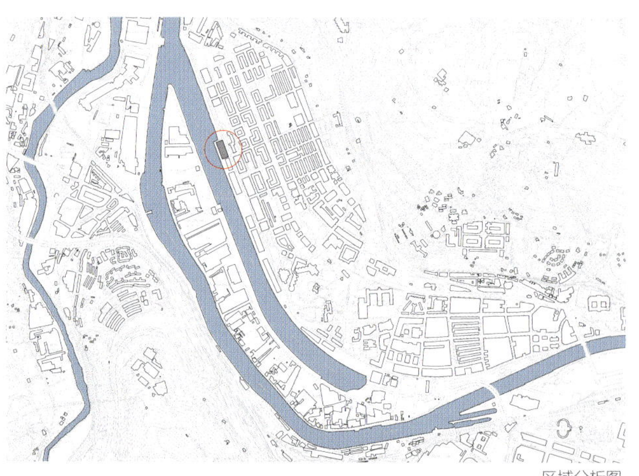

区域分析图

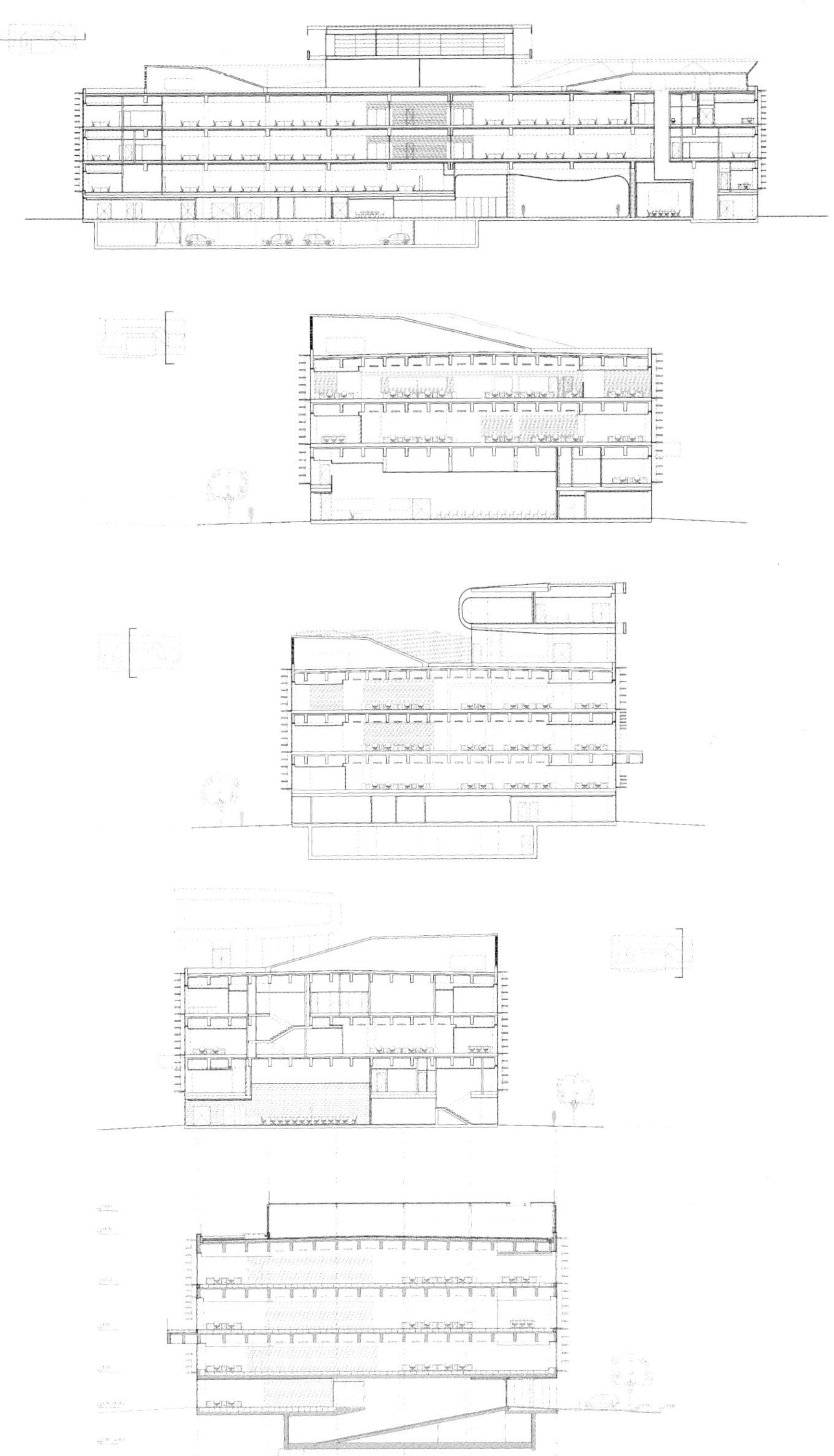

剖面图

IDOM 公司马德里办公楼
Madrid IDOM Office

项目概况

建筑设计：ACXT 建筑事务所
建筑面积：15300 m^2 (8.700 sobre rasante + 6.600 bajo rasante)
项目地点：西班牙 马德里
摄影：Fernando Guerra

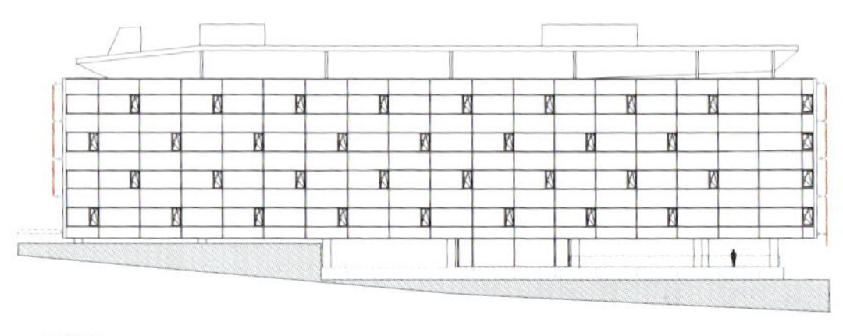

北立图

建筑师旨在实现真正的舒适环境，而不是一味追求制造著名建筑。我们的目标还在于创造一个具有本土性、通透性、通风性的自热而愉悦的工作环境。使能源、承重系统荷载、暖通空调系统、灯光系统、朝向、水资源管理、空间管理以及可持续发展策略作为设计的基础十分重要。建筑和形式都应成为辅助因素，而不是相反。建筑理念来源于实际需求。类似于家庭的气氛将取代传统的办公楼。这是没有假天花板、楼梯的空间，采用木工工艺，纤维管道，裸露的石墙，室温下慢速空气流动以及活动窗……在一个暖通空调采用辐射系统（TABS），利用结构巨大的热惯性，以及后张混凝土地板。特制的空气推进系统通过纤维管道进行慢速空气更新，系统可进行清理维护，并防止噪声污染。结构上的大跨度保证了通畅灵活的流通面积。建筑南向设置了遮阳装置，并从北部接收柔和的自然光。大楼在水平方向和垂直方向上都有连续贯通的空间。还将自然要素引入建筑，设有空中花园、绿色墙体。正确的水资源重新利用策略将循环水用于为人带来视觉和听觉享受。

空气更新

通过换档管道系统的作用，温度已经不构成一个问题，空气通过一种非常安静的方式进行更新。这项卫生水平很高的技术源于食品工业，此前在西班牙从未应用于办公楼宇。利用该项技术明显的优势，通过与制造商（KE-Fibertec）联合研究针对新功能的系统设计改造，技术在办公楼中的应用取得了良好的效果，有益健康，空气质量高，舒适度高。系统对于建筑节能贡献很大。网络能够良好适应气流变化，并可以在绝大部分有利室外条件下实现室内通风，而几乎没有成本，不需要任何多余能耗。

主动热构造

大楼采用了一套暖通空调系统，成为大楼的有机组成部分（TABS: 主动热工楼宇系统）许多液压循环管路设在混凝土板外部，维持大楼主体温度值与外界环境相近。这里不存在热应力问题，不同区域间的噪音或温度值也没有差别。这种已经在中欧应用的方法，在西班牙同类建筑中是第一次使用。在地中海气候条件下应用这一系统，特别是面对西班牙建筑的特殊情况，是一个具有广阔研究前景的挑战。最终这种设计使大楼建设受益。系统的巨大惯性将能源的需求与生产及时、彻底地分离，使其明显优于传统系统。白天结构中蓄积的能量通过蒸发冷却作用在整个夜间释放。这种方法的高效性是其他方式不容易达到的。

混凝土楼板低温辐射采暖（制冷）系统

混凝土作为一种热容量较大的显热蓄热材料，其蓄放热特性对建筑室内热环境有良好的调节作用。白天混凝土吸收来自太阳等的热能，夜间则把这些热能释放出来，维持整个建筑的温度使之不会太低而不用消耗任何能量。

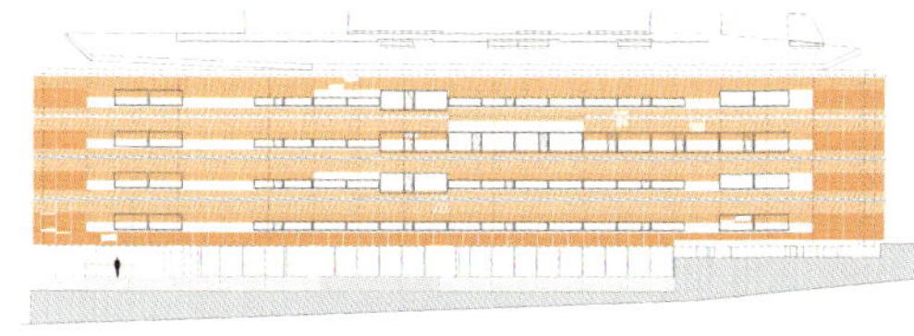

南立面

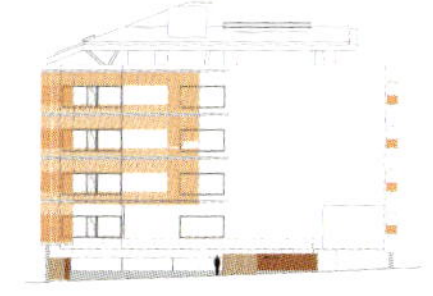

东立面

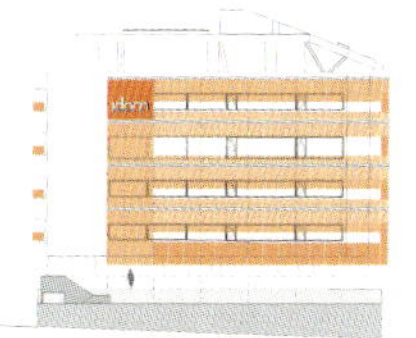

西立面

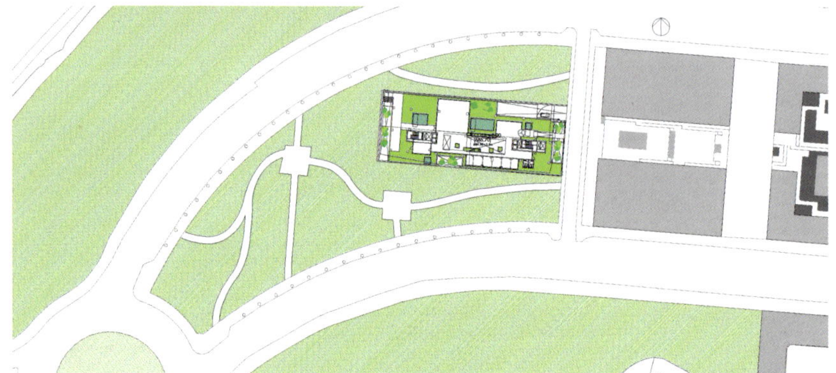

总平面图

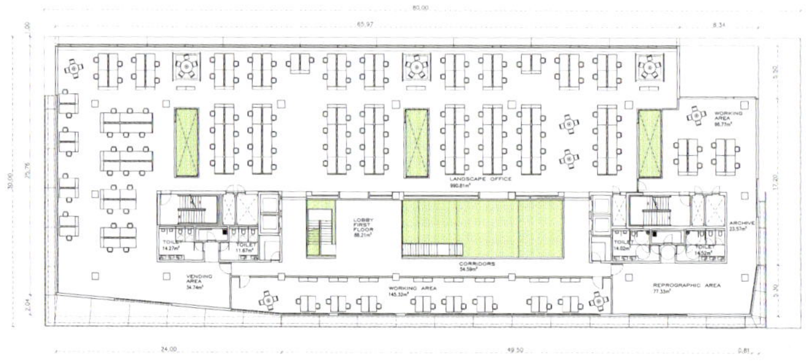

一层平面图

自然通风

建筑师研究了不借助任何机械辅助的自然通风系统。为达到这一目的，设计了纵向贯通的中庭，作为一个巨大的采暖通风空调回风收集器，当自热通风发生作用时，空气推进装置停止运行，中庭成为回风烟囱，通过设在中庭顶部的排放系统驱动空气排向室外，同时新鲜空气从办公室角度倾斜、指向天花板的窗户进入室内。零能耗及自然通风使大楼在外界条件允许时，能够不依赖任何其他辅助设施正常运行。所以，大楼能耗水平非常低，可达到 2010 年 5 月 19 日颁布的欧盟建筑能效新标准（Directive 2010/31/EU），而此规定将于 2020 年完全生效。

水资源管理也纳入建筑设计。雨水及蒸发冷却系统的灰水将满足全部灌溉用水需求，并应用于卫生间。

4层平面图

深圳国际能源大厦

Shenzhen International Energy Mansion

项目概况

获奖 : 邀标评选第一名

面积 : 96000m^2

委托方 : 深圳能源公司

建筑设计 :BIG 建筑事务所

位置 : 中国 深圳

状态: 在建项目

深圳能源大厦成为深圳新市区中心的标志性建筑。我们所提议的设计将在着重建筑的生态可持续性的同时，关注社会及经济可持续性。我们的目标是建造一幢能够实用并且高效布局的楼宇，并采用可持续立面，通过被动及主动途径减少建筑的能源消耗。

建筑项目的主要内容包括办公楼、商业裙楼以及地下车库。办公楼分为两大部分：深圳能源公司总部区域以及可租用的办公区域。裙楼包括大堂、会议中心、酒吧以及展览区。能源公司总部位于大楼顶部。

该项目要求使用大量传统元素，会议室、经理人俱乐部及员工设施等特别区域，打造独特的视觉效果。新型的可持续摩天大楼需要在保留灵活程度、日光、视野、密集程度以及可用性的同时，不断发展尝试型新因素。例如将自然光线最大化与日光照射最小化相结合，从而大幅度减小机动制冷的需求。我们建议将深圳能源大厦建造为首个新型可持续性办公大楼，充分利用建筑与日光，空气，湿度以及风速等外部因素。利用这些资源打造建筑内部无可比拟的舒适性以及良好品质。深圳能源大厦将从传统的摩天大楼中脱颖而出，完成一项顺应自然而非强制性的设计蜕变。

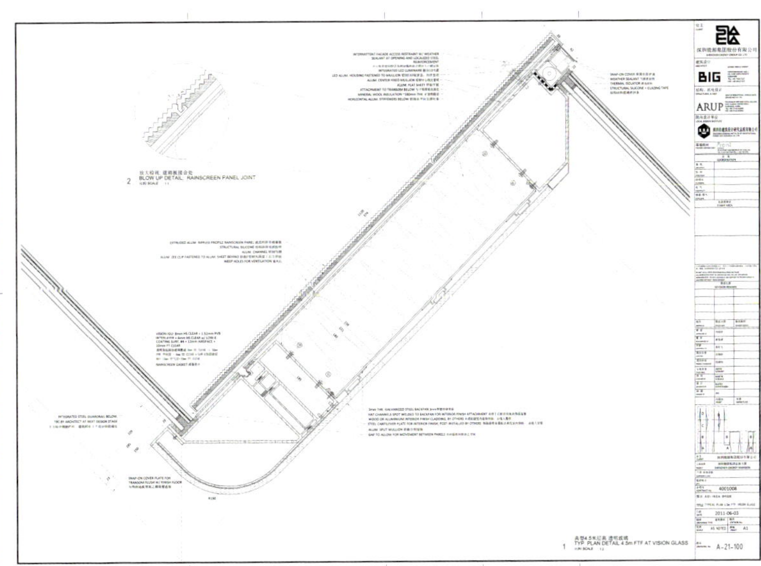

细部构造图

可再生资源技术应用

深圳的热带气候特征需要全新的办公楼设计方案。我们建议，大楼的设计应基于高效出色的楼层方案，外观则应根据当地气候条件进行具体的设计及优化。根据我们的研究与实验，仅通过建筑外层立面的改革，就能够显著提高建筑的可持续性能。深圳地处热带区域边界。该区域温度较为温暖，但较多月份内湿度较高。太阳照射角度较高，可高达 90°，全年每日太阳移动几乎为东西向直接移动。要在这样的气候条件下获得舒适的工作环境，办公楼应具备以下两个条件：防止太阳光线直接照射的遮阳装置以及室内空气除湿措施。我们将针对立面采用包围式结构，建筑将出现包围及开放区域。包围区域可确保立面获得高度绝缘隔热效果，遮挡太阳光的直射。室外包围区域将装配太阳能面板，为空调作用提供能源的同时为工作区域提供除湿作用。经包围的墙面能使人们在某个角度欣赏到玻璃窗外的美景，内部面板之间太阳光的反射也提供了充分的散射光线，以达到明朗的工作环境。窗户采用平角设计，当日光从东部或西部直接照射时，大部分的太阳光线将通过玻璃发生反射。反射的光线提高了太阳热能面板的能效，小型被动式太阳能加热设备与主动式太阳能面板的使用将帮助减少超过 60% 的建筑能源消耗。

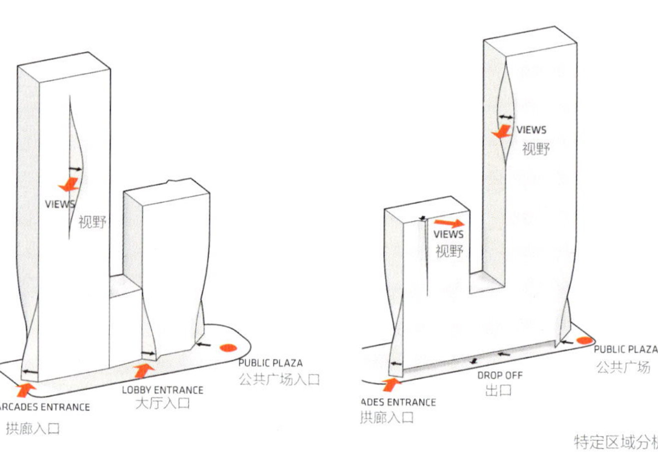

特定区域分析

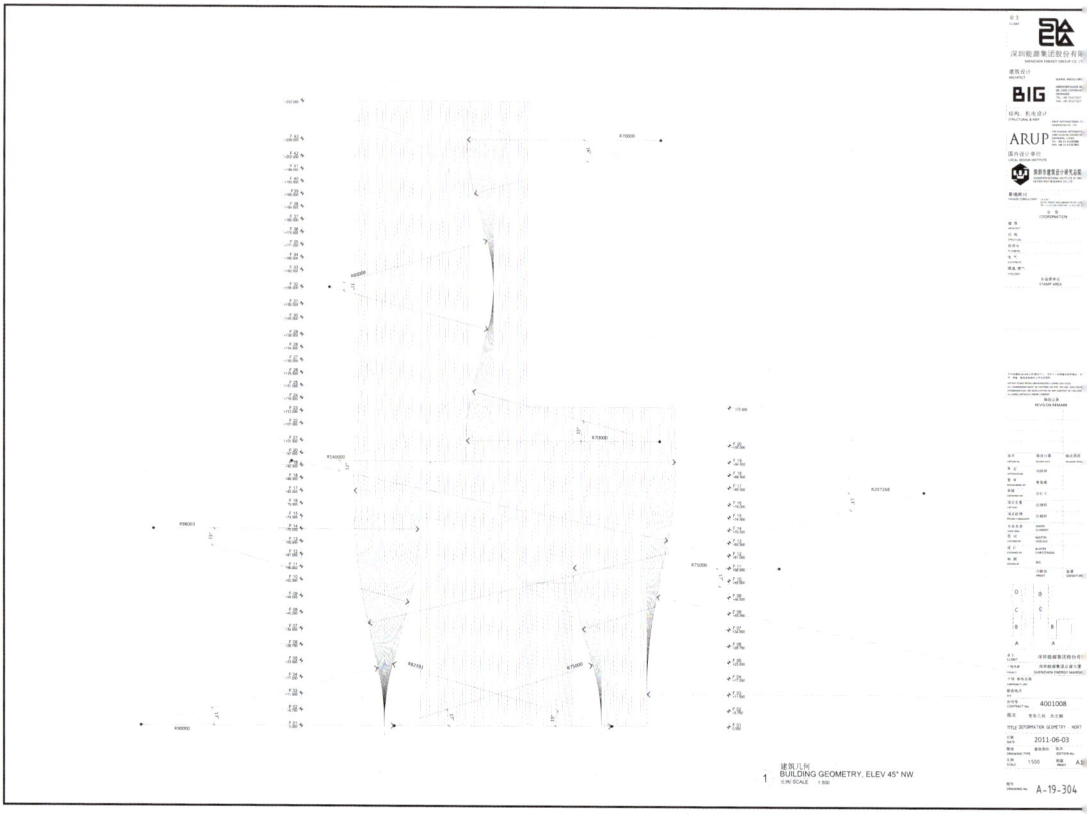

BIG

ARUP

4001008

2011-06-03

A-19-304

1 建筑几何
BUILDING GEOMETRY, ELEV 45° NW

建筑几何分析

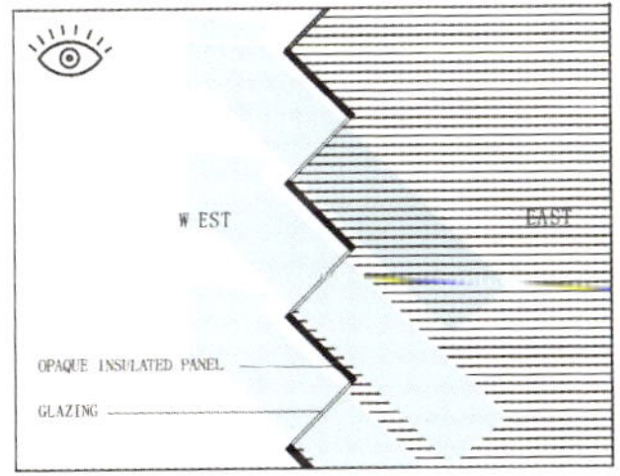

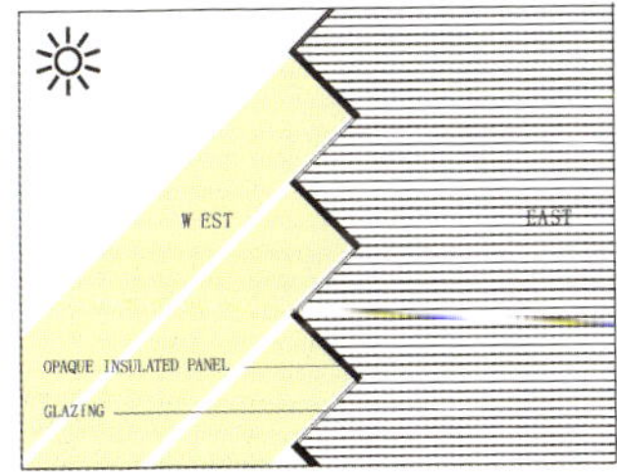

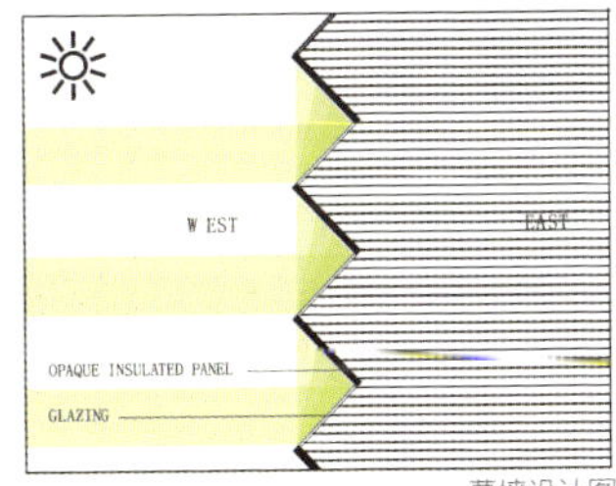

幕墙设计图

南立面图

细部构造图

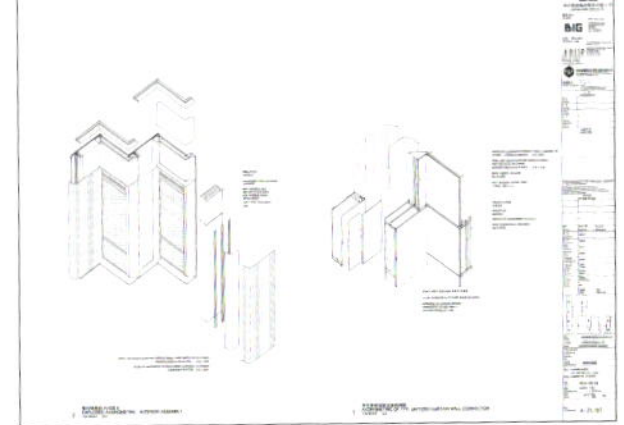

典型幕墙面板轴测图

太阳高度角、方位角与遮阳

太阳光线与当地地平面的夹角就是太阳高度角，太阳在天空中的位置因时间地点都在变化。冬季太阳高度角低，夏季太阳高度角高，清晨和傍晚太阳高度角低，中午太阳高度角高，高纬度地区太阳高度角低，低纬度地区太阳高度角高。太阳高度角与地面的太阳光强弱密切相关。早晚与中午的光强有很大的差异，原因就在于太阳高度角的不同。

太阳方位角即太阳所在的方位，指太阳光线在地平面上的投影与当地子午线的夹角，太阳方位角决定了阳光的入射方向，决定了各个方向的山坡或不同朝向建筑物的采光状况。当太阳高度角很大（比如大于 80°）时，太阳基本上位于天顶附近，这时太阳方位角的影响较小。

寒冷地区的建筑一般都要争取较好的日照，而炎热地区的建筑则要通过遮阳来避免阳光直射入室内。

VIDRE NEGRE 办公楼

VIDRE NEGRE Office

项目概况

建筑设计：Damilano Studio Architects

地点：意大利 皮埃蒙特区 库尼奥

总面积：6960m²

建筑面积：1400m²

竣工年份：2011 年

摄影：Andrea Martiradonna

东立面

Vidre Negre 是一座现代雕塑建筑，它是活力和持续发展的象征，满足了社会发展的认同。建筑坐落于高速公路外围节点上的一个公园内。周边场地植有当地植物，入口有一个类似于城市广场的区域。建筑在场地沿东西向分布，两翼被中部的设施（楼梯、卫生间、栏杆）分割。办公区设计为开敞空间，而领导办公室、私人部门设在建筑的东部，向外部凸出，并悬浮空中。地下空间设有会议室和停车场，大型的窗子提供采光，周边绿地种植于石子之间的土壤中，延伸至入口。

地板辐射采暖

地板辐射采暖是以温度不高于 60 ℃的热水作为热源，在埋置于地板下的盘管系统内循环流动，加热整个地板，通过地面均匀地向室内辐射散热的一种供暖方式。

20 世纪 30 年代著名的美国建筑设计大师赖特先生在其设计的大量作品中采用了地板辐射采暖，极大地推动了地板采暖的应用，但由于当时只能采用铜管作为加热盘管，不仅价格高昂，而且腐蚀渗漏导致的维护成本较高，致使地板辐射采暖的应用受到了很大的限制。

直到 60 年代末，抗老化、耐高温、耐高压、易弯曲的塑料管材进入实际应用，随着价格便宜、地面下埋管无接口、管内壁不易结垢、使用寿命长等优点的塑料管材的出现，极大地促进了地板辐射采暖技术的推广和应用。

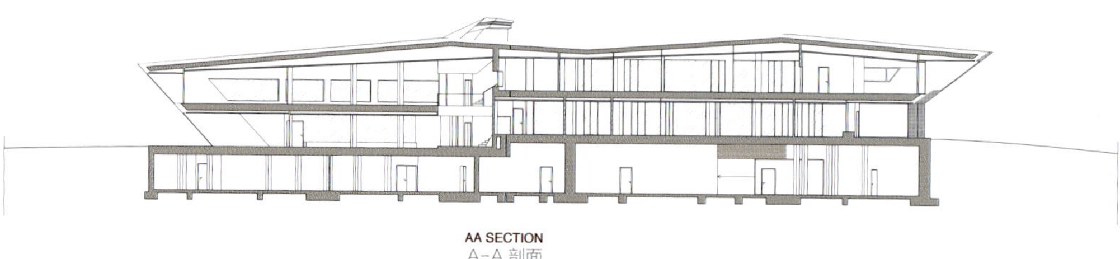

AA SECTION
A-A 剖面

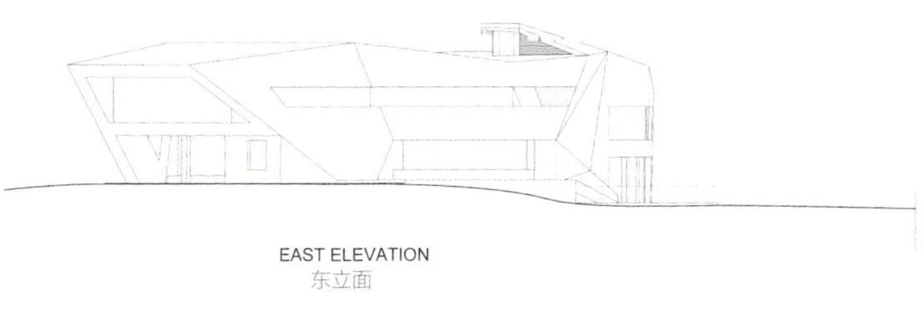

EAST ELEVATION
东立面

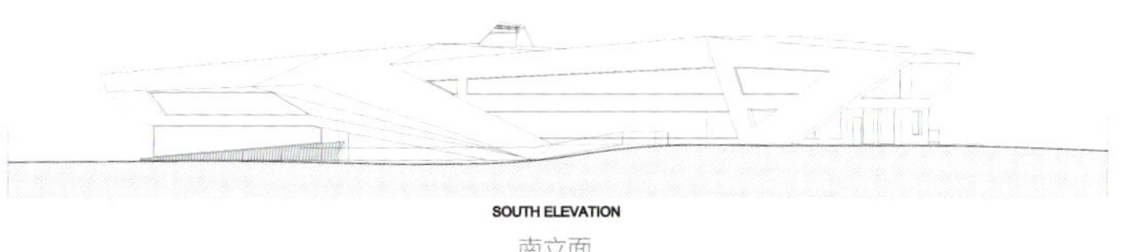

SOUTH ELEVATION
南立面

可再生能源技术应用

建筑的活力体现在建筑风格、空间的变化以及由黑色玻璃断面和光伏电池板覆盖的棱柱结构上。建筑外侧集成了黑色玻璃面和太阳能光电板。建筑结构映在水中，水源供应防火系统和公园灌溉系统。建筑空间的分裂布局在室内中完美地演绎出来。室内有四个错裂开来的空间，通过建筑外立面的开口和边窗提供自然照明。整体结构为梁和钢筋混凝土柱、砖和覆层。建筑构件和系统符合建筑导则“D.G.R. 46-11968”之“04.08.2009”的“DCR 98-1247”A级分类标准，同时符合“DGR 45-11967”之8.4.2009地方建筑法规。建筑的分布区域集中供热系统还配有一个加热系统，用以保证最佳节能效果。一个低温加热系统，结合辐射地板系统，屋顶装有水一水热泵，性能符合“DCR 98-1247”的附件4标准，C.O.P.（性能系数）≥ 4，一个配有余热回收装置的主要空气交换系统，可以回收超过50%的余热，符合“2N DCR 98-1247”条款。在多种环境下进行加热 / 冷却的设备采用4号水一水热泵，每台热容量可达39,300W，总容量可达117,900W。外部门由隔热铝材制造，框架采用高隔热SHI高效绝热材料。绝热玻璃采用多层Low-E"Zeronove"玻璃新概念，热透射率U值 = 0.9 W / mqK。

组合窗采用4 +4 mm薄板Low-E外窗，16 mm腔氩气暖边隔热管和4 +4 mm薄板Low-E内窗。

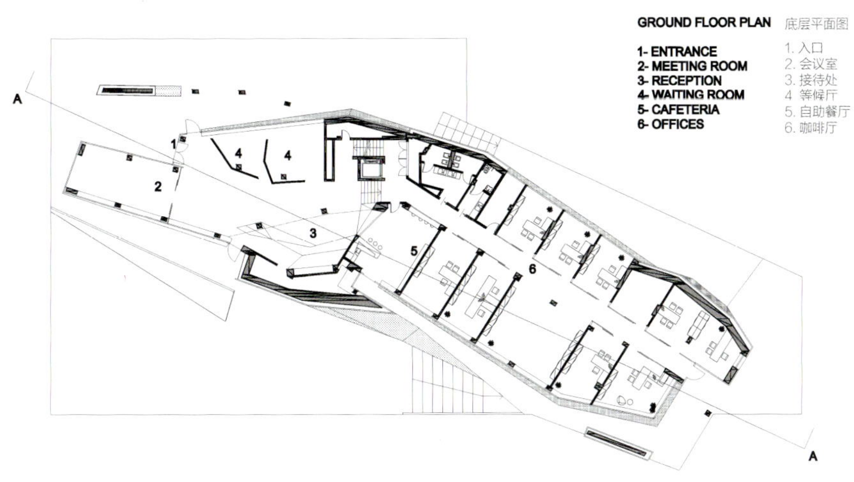

GROUND FLOOR PLAN 底层平面图

1- ENTRANCE 1. 入口
2- MEETING ROOM 2. 会议室
3- RECEPTION 3. 接待处
4- WAITING ROOM 4. 等候厅
5- CAFETERIA 5. 自助餐厅
6- OFFICES 6. 咖啡厅

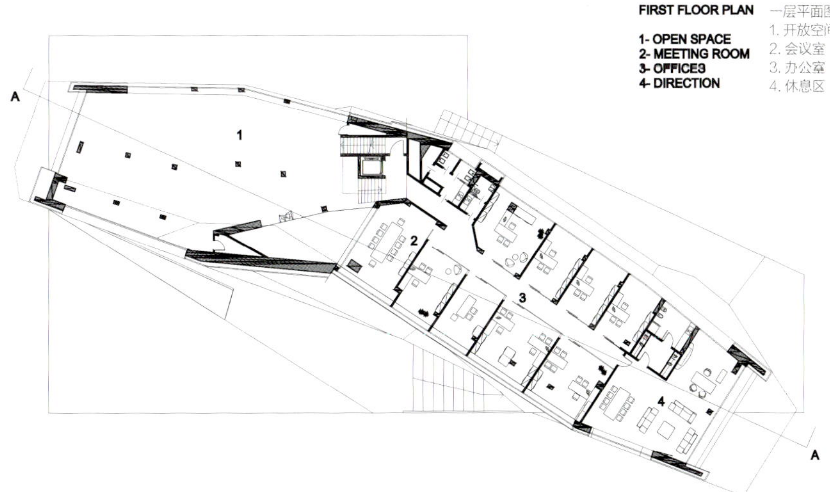

FIRST FLOOR PLAN 一层平面图

1- OPEN SPACE 1. 开放空间
2- MEETING ROOM 2. 会议室
3- OFFICES 3. 办公室
4- DIRECTION 4. 休息区

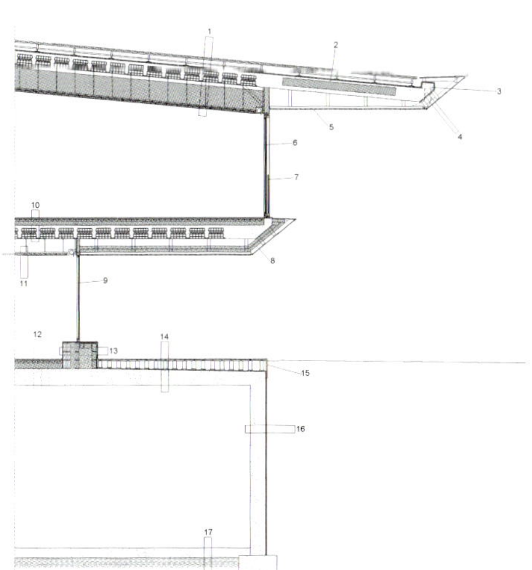

SITE PLAN
1-OFFICINA VIDRE NEGRE
2-GUEST HOUSE
3-GUARDIAN HOUSE
场地平面图
1. 办公楼
2. 客房
3. 门卫

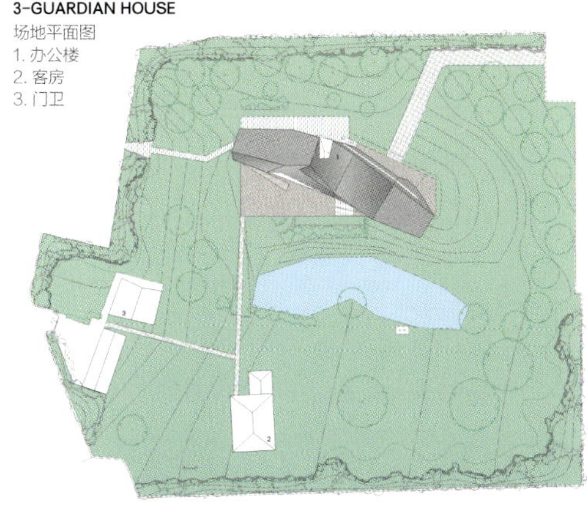

FERRETER íAO´HIGGINS 办公楼

FERRETER íAO´HIGGINS Office

© Nicolás Saieh

项目概况

建筑设计：GUILLERMO HEVIA H. GH+A Arquitectos
位置：智利 圣地亚哥
建筑面积：7170 m^2
竣工时间：2011 年

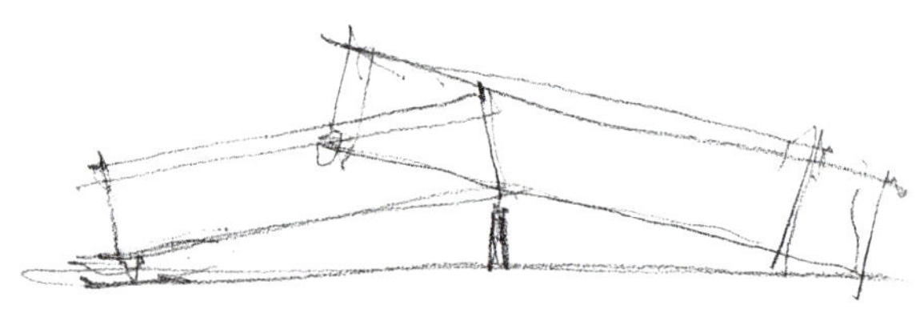

© Nicolás Saieh

建筑简洁鲜明，通过相互支撑的两组空间。Ferreter í a O ´ Higgins 公司的新办公楼包括办公室、服务部门，并为用于大规模采矿的精密工具提供了存储空间。经理办公室、服务部和销售空间坐落于建筑西侧的末端，仓库和工作空间在其后身。在建筑前部，建筑被一个三层楼高的大厅分成两个区域，楼梯从外部延伸，成为空间的主要构成要素，形成悬浮、明亮开敞的特点。设计师将可持续理念和生物气候概念融入建筑，优先考虑节能环保。

建筑外墙的材料使得大楼可以根据随着日照和时间的变化改变颜色，如同有生命一

© Nicolás Saieh

地热空调

设计师将可持续理念和生物气候概念融入建筑，优先考虑节能环保。在内部空间，建筑采用生物气候技术。在夏季和冬季，地表用作隔温板，引入地下自然温度的空气，生成永久持续的空气更新机制，通过地热空气调节系统，全年实现介于 18℃ ~29℃的恒温。

© Guiller-mo HeviaH

© Nicolás Saieh

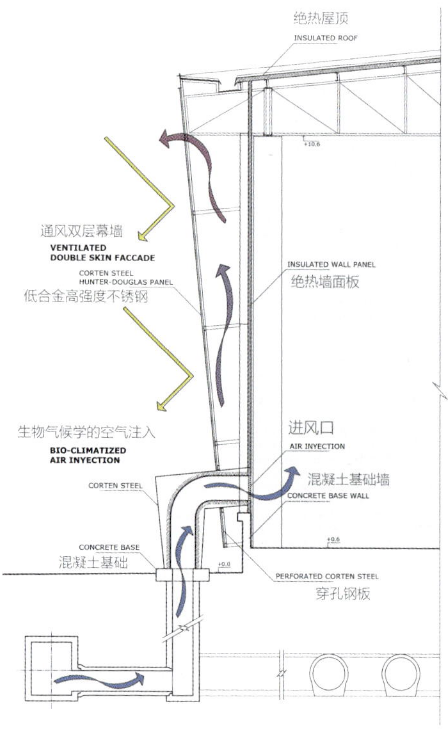

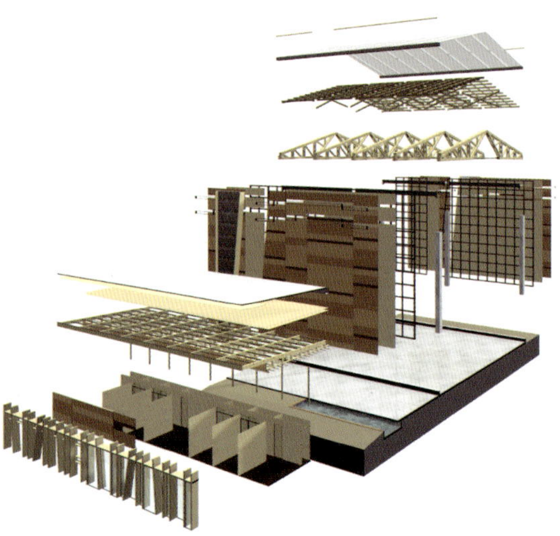

般，呈现出橘色、棕色、土黄色等不同颜色的投影。在建筑正面，大型玻璃幕墙贯穿大楼，同时也装有金属板，使人们可以观看室外景色，同时控制太阳辐射。这些薄板随风轻摆，在场地内的多功能蓄水池的映衬下，为建筑增添动感。

© Nicolás Saieh

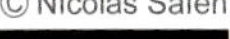

© Nicolás Saieh

© Nicolás Saieh

© Nicolás Saieh

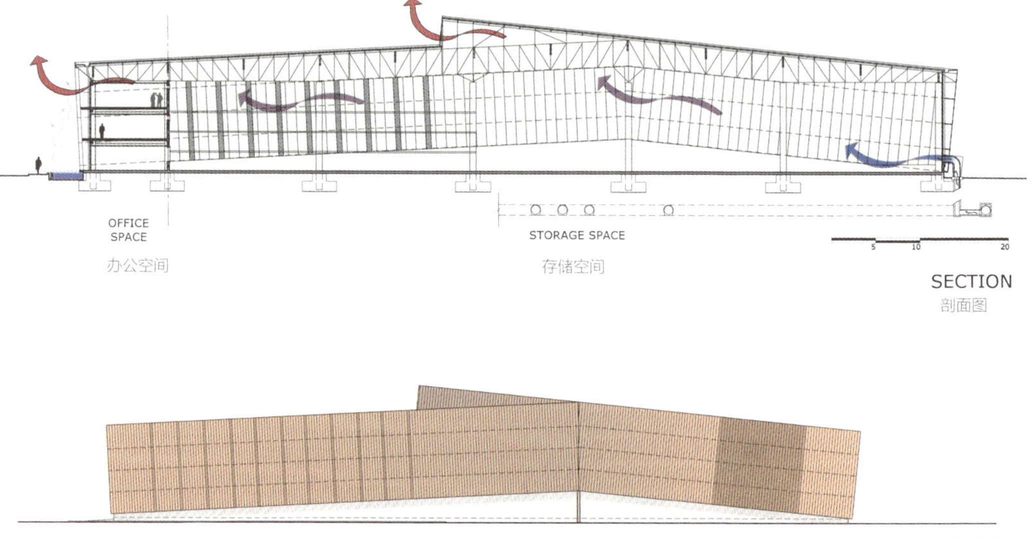

SECTION
剖面图

北立面图

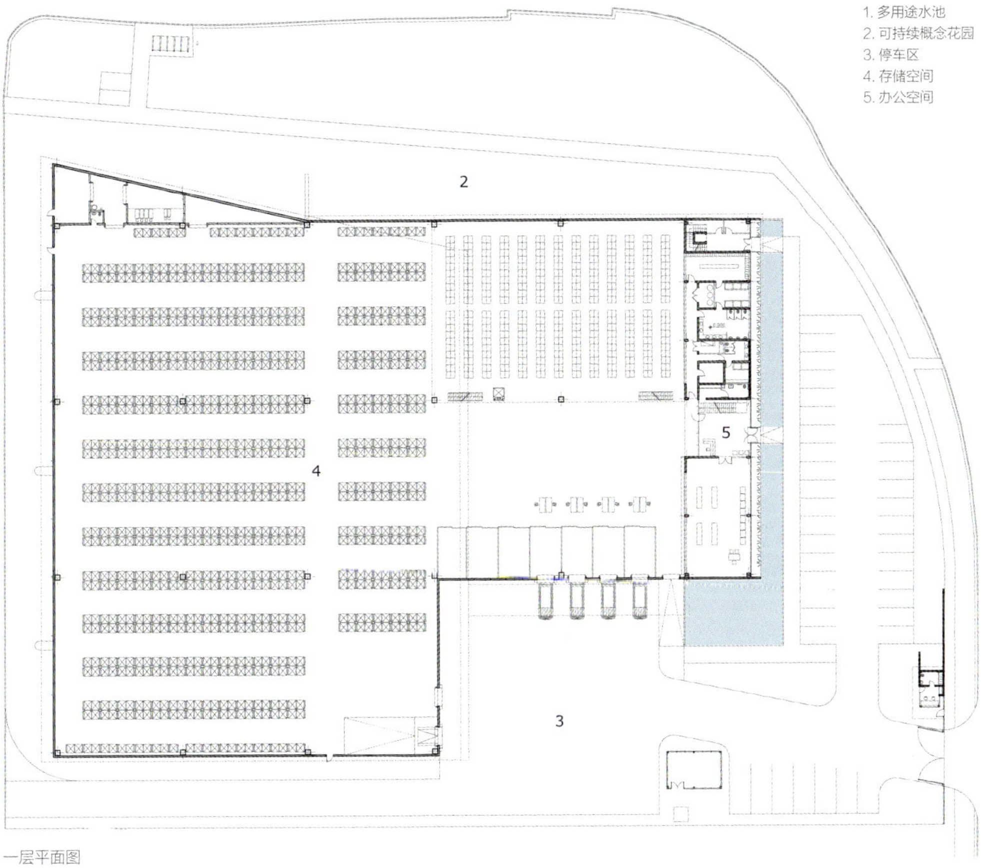

1. 多用途水池
2. 可持续概念花园
3. 停车区
4. 存储空间
5. 办公空间

一层平面图

地源热泵空调系统

地源热泵空调系统的原理就是通过安装在地下的系列地温收集器，从土壤中吸收能量，经过能量转换实现空调调节功能。“地热空调”有两种，一是利用热泵技术，把“恒温层”的地下水抽出来，热量交换后再排回去；一种是土壤源热泵，利用浅层常温土壤或地下水中的能量作为能源，在地下埋管，吸收热能。在地下“恒温层”，温度一般稳定在 18℃左右，地源热泵利用埋管温差传递，通过压缩机启动，能送上摄氏 60 度的热水和摄氏 8 度的冷水。

遮阳通风系统

利用被动通风原理，建筑表皮使用双层耐候钢板形成垂直通风的“狭管”效应，同时与另一项可持续节能策略结合，提供更高质量的室内活动空间。承重结构由双层耐候钢板围合，加固两个主体建筑，同时保护外墙温度，避免直接的太阳辐射。在外部耐候钢板表面和内部隔热墙之间形成了一个空仓，有助于形成高效的热障。

其他措施

节能照明——通过天花板上半透明的条纹，经过过滤的阳光射入室内，在白天完全不需要进行人工照明采光，大大节省了能耗。

节水措施——设计中特别注意节约用水。采用了高科技材料、设计及节能设施，配备了自动水龙头，控制用水量，节水 65%。在建筑正面入口处，放置有一个多用途水镜。除了具有审美价值室外，在遇到火灾时它可以作为蓄水池，通过水汽蒸发作用，在夏季保持建筑表面凉爽，为室内提供更好的环境。

新英格兰国家电网办公室
National Grid

© Robert Benson

项目概况

项目地点： 英国伦敦 沃尔瑟姆福雷斯特

面积： 28985.75m²

建筑及室内设计： SASAKI

获奖： 2010 年新英格兰国际室内设计协会最佳办公室设计奖（7432.24m² 以上级别）
2010 年环境事务委员会环境、能源、气候变化项目科技进步奖
2010 年美国绿色建筑委员会马萨诸塞论坛绿色创新奖
2010 年环境设计及建筑设计优秀奖
2010 年照明工程协会荣誉奖
2010 年 MA 波士顿可持续设计优胜奖
LEED CI 白金认证

摄影： Robert Benson

© Robert Benson

新英格兰国家电网办公室位于沃尔瑟姆福雷斯特，对原有分散的28985.75m² 办公区域进行了重新规划设计。新的设计使设备组合更加灵活，适应团队协作的需要，增进互动，且每人减少办公用面积近50%。项目获得了LEED CI白金认证。

© Robert Benson

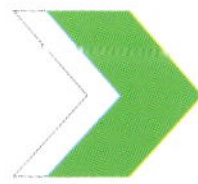

VOC

VOC（Volatile organic compounds）指挥发性有机化合物的英文简称，通常所说的乳胶漆中对人体有害的化学物质（重金属除外）指的就是VOC。当VOC在居室空气里达到一定浓度，人们会开始感到头痛、恶心、四肢乏力；假如继续长时间逗留，会伤害肝、肾、大脑和神经系统，甚至可能引起抽搐、昏迷、导致记忆力减退，带来严重后果。

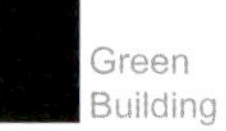

© Robert Benson

© Robert Benson

© Robert Benson

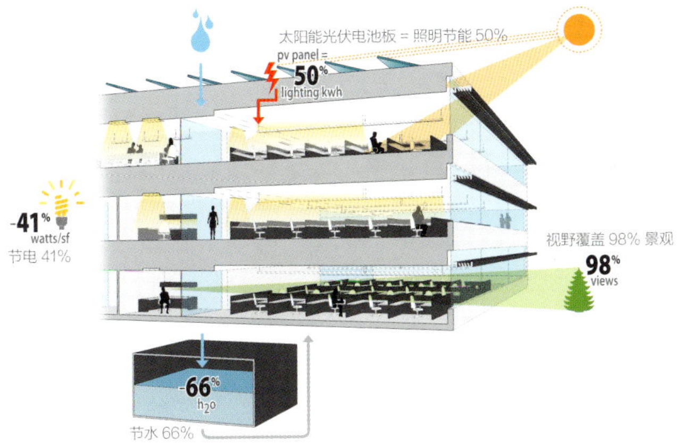

分析图

可再生能源技术应用

设计团队的目标是打造一个健康舒适且与外界联系紧密的办公环境。协作空间设计得非常开放，将自然光利用最大化。国家电网在一楼铺设了光伏电池板和外部遮阳系统，并将更新了机械系统和建筑围护结构，来进一步降低能耗。其他的可持续设计措施包括采用高度可回收材料制作的家具和建材，极低的 VOC 值，以及较马萨诸塞州建筑标准节约 66% 的灰水重用系统。一项创新的灯光解决方案按照新的节能标准执行。任务指导型的策略谋划之下，使室内获得最佳采光水平的同事将能耗大大降低。成果是每平方英尺使用一个 0.65W 的照明灯，比标准节能 41%。建筑反应了国家电网的企业口号，“行动的能量”，它通过关键高效、价格低廉的策略保存了自然能源。项目已经达到国家电网进行员工教育、展示企业形象的要求，将自身的办公空间建成节能可持续的示范建筑。

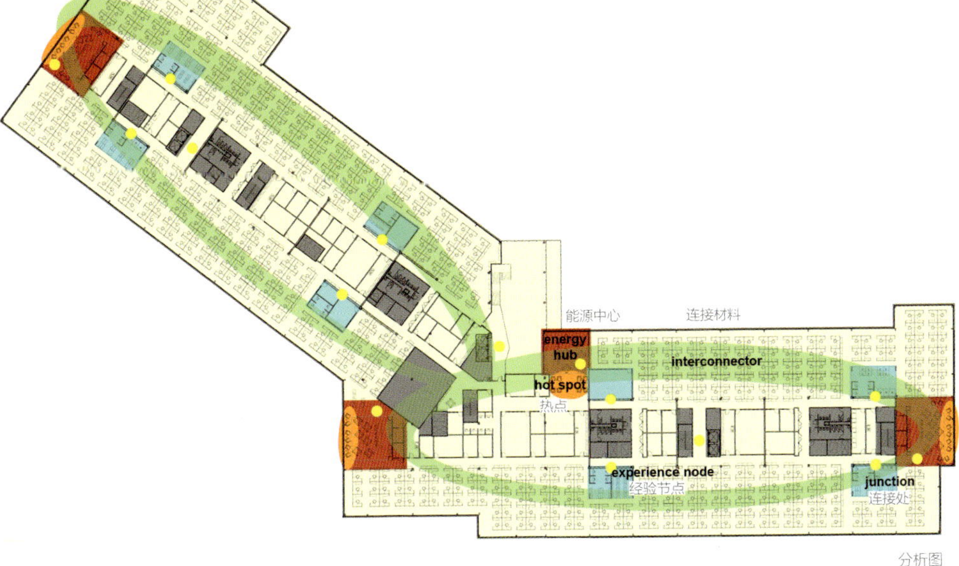

分析图

ZVE - 虚拟工程中心
Centre for Virtual Engineering （ZEV）

© Christian Richters

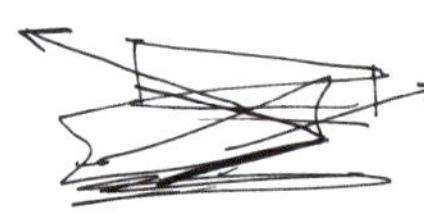

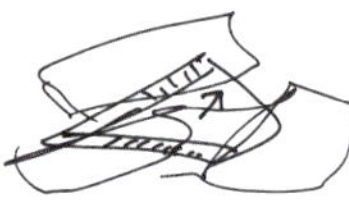

项目概况
位置：德国 斯图加特
建筑设计：Unstudio
获奖：DGNB（德国可持续建筑委员会）金质认证
建筑面积：5782 m^2
摄影：Christian Richters

© Christian Richters

© Christian Richters

弗劳恩霍夫研究所是全球最重要的研究机构之一，其新建的虚拟工程中心位于德国斯图加特的弗劳恩霍夫研究所园区。ZVE 虚拟工程中心用于多学科间的协同研究工作。建筑师将大楼的实验室与研究功能同公共展示区域、来访者行程相结合，实现一座交流建筑的概念。实验室区域形成了一个线性的条状区域，将办公空间与技术区域相连接，使大楼各部分有机结合为一体。在实验室条块的重叠处，设有实验室区域的交互区，有两层楼高，位于建筑的南区和北区。交流区域坐落于期间，并绵延到大楼东墙。每层楼都设有精心设计的区域，深处的办公区域以及单独工作区沿外墙展开，开放群组区域朝向中庭。

被动式太阳能利用技术

是指通过建筑朝向和周围环境的合理布置，建筑内部空间和外部形体的巧妙处理，以及建筑材料和合结构、构造的恰当选择，使房屋在冬季能集取、保持、储存、分布太阳热能，从而解决建筑物的采暖问题，同时在夏季也能遮蔽太阳辐射，散逸事内热量，从而使建筑物降温。

© Christian Richters

© Christian Richters

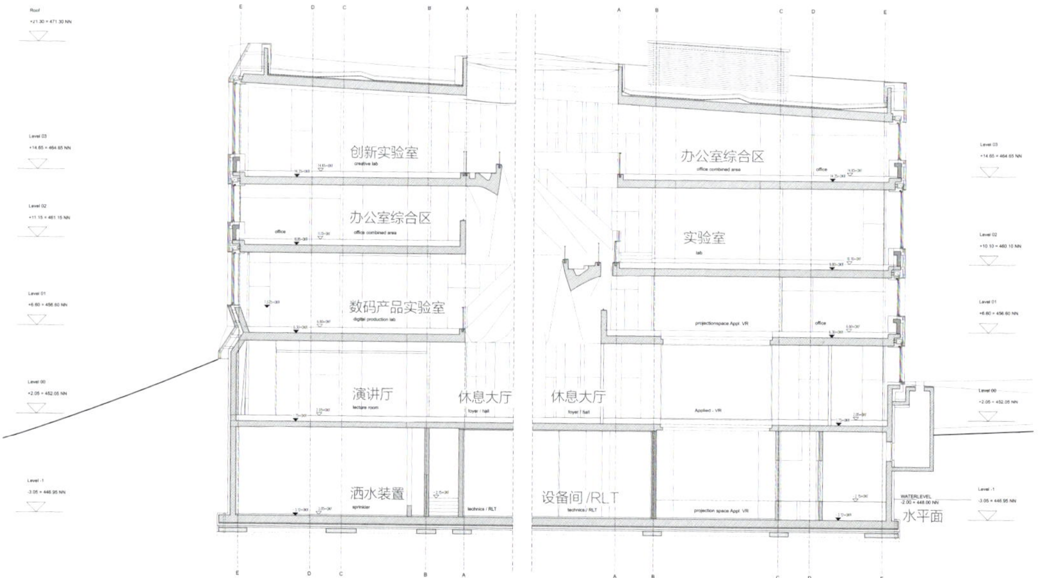

剖面图

被动式太阳能技术的四项基本原则(北半球)

建筑物具有一个非常有效的绝热外壳

南向设有足够数量的集热表面

室内布置尽可能多的储热体

主要采暖房间紧靠集热表面和储热体布置，而将次要的、非采暖房间围在北面和东西两侧

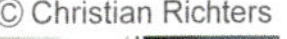

© Christian Richters

© Christian Richters

© Christian Richters

© Christian Richters

© Christian Richters

© Christian Richters

© Christian Richters

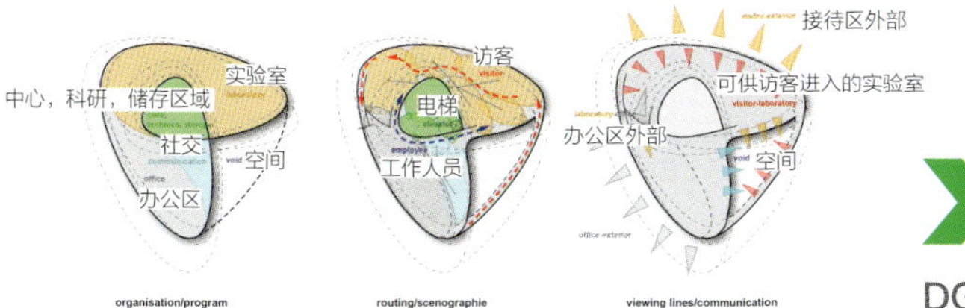

功能组织图　路线透视图　视野 / 交流

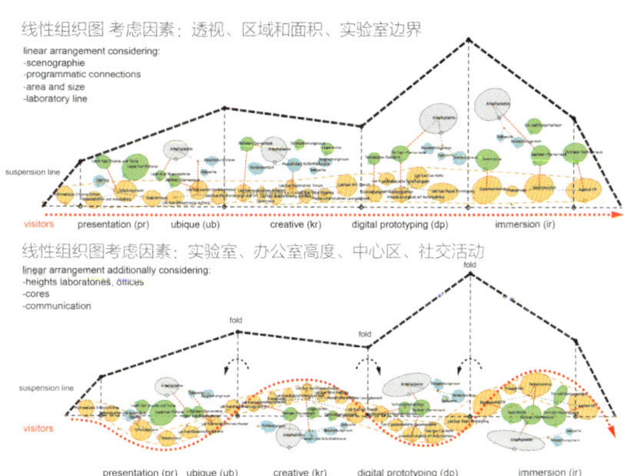

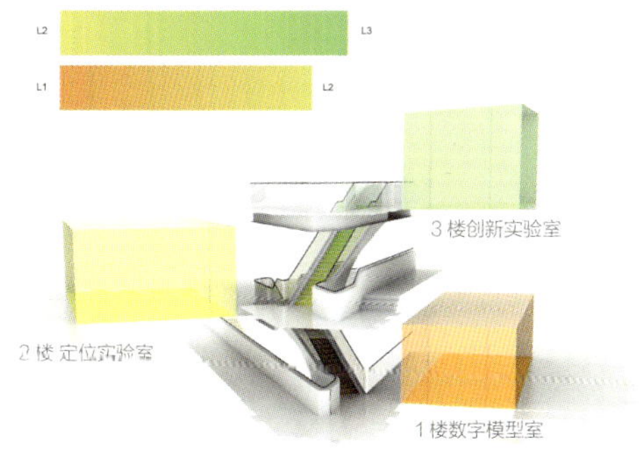

室内色彩实验室箱体

DGNB（德国可持续建筑委员会）金质认证

大楼结构部分由泡沫板天花板构成，较普通混凝土板更加节省成本，同时减轻重量，提供自由空间。

主结构由四个主要核心区组成。天花板横跨这些核心区和墙体区域的立柱，提供了一系列自由空间。

跨度可达 12.5m。这一构造同样使建筑可以集成混凝土芯活化技术。强化的高科技构件也集成于建筑结构之中：混凝土芯活化、假地板及设在假地板中的喷淋储水罐，尽可能减少设备暴露于外部的机会，同时保持它们的灵活性。建筑更深处的区域的空气供应也通过设于假地板中的空气管道供应。在井筒中完成空气排放。虚拟工程中心 ZVE 的规划建设旨在使未来的发展空间最大化，节省使用土地。平坦的楼顶设有绿色屋顶，并可用于雨水储存。人们可以通过无障碍通道进入大楼。低维护率、可分离、可回收的建材在建筑构架和室内以及立面建设中都广泛采用。天花板用于混凝土芯活化水冷却，土壤探针和喷淋储水罐用于储能。项目设计之初，大楼就确定了紧凑的形状和最优化的建筑围护结构．设计同样的面积，圆形较矩形周长减少 7%。玻璃立面的比例只占 32%。外墙周围的所有空间都可以直接通过活动窗构件通风。没有过梁的天花板使日光更易射入建筑深处的空间，当遮阳装置放下的时候，可辅助使用日光薄板。所有的设备都置于附近的井筒中。

可持续设计措施

使用泡沫板天花板系统用来减重——组织灵活，跨度更大

设备安装集中于中心区域，体现最大灵活性的地板安装

有效利用地面（最小化表面封装）

紧凑的建筑体量

圆形最小化的建筑立面（表面长度较矩形节省 7%）

无障碍入口

立面玻璃数量较少：32 %

创新的 LED 照明系统

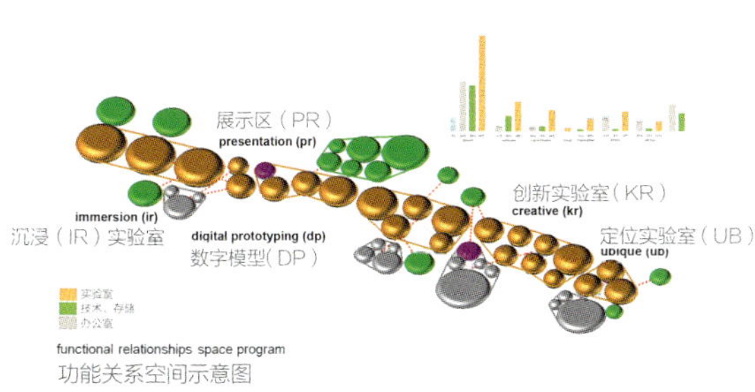

功能关系空间示意图

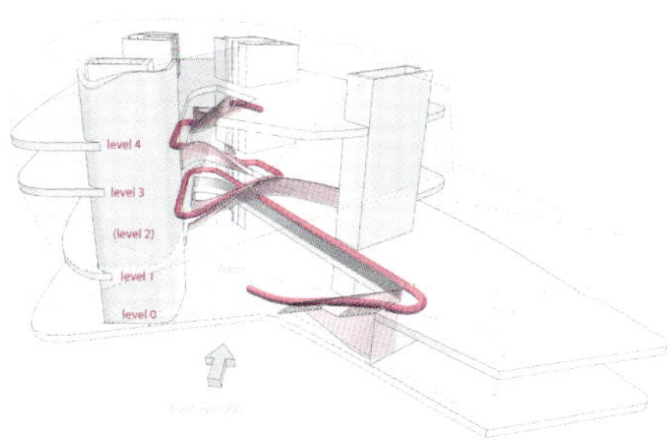

© Christian Richters

可再生能源技术应用

地热装置（水冷却 / 加热）、土壤探针及喷淋储水罐，用于能量存储 / 冷热能量存储
热泵
最大化利用日光（立面高度开放）
CTB 最小化吸收太阳辐射（创新的外部遮阳系统，反射鳍板为室内空间带来更多阳光，减少人工照明需要量）
混凝土芯活化天花板
楼宇自动化：夜间冷却，计算机辅助遮阳，空气质量评价
用户舒适的独立通风
屋顶绿化
使用可回收材料

© Christian Richters

隐舍酒店
Inn House

项目概况
建筑师：欧华尔顾问有限公司
项目地点：中国云南省中国昆明世博生态城
占地面积：7123 m^2
落成日期：2011 年 12 月 9 日
获奖：2011 香港建筑师协会外地作品奖；
2012 国际亚太酒店设计奖；
2012 世界建筑新闻网酒店建筑年度总冠军奖 (WAN Hotel of the Year Award 2012)；
英国皇家建筑师协会 (RIBA)2012 年度国际建筑奖获奖作品 (RIBA International Award)

“隐舍”(INNHOUSE) 坐落于云南昆明市郊，覆盖着茂密树林的山地上，可以俯瞰山谷和整个城市景观。这处隐于林间的小型生态旅舍仅为旅者提供 17 间体验式客房。依托起伏的山势并融合场地保留的树木，四座高低错落的 L 形建筑以村落的形式聚集，形成通过曲折步道联接并面向山谷的系列半开放庭院。每座单元建筑分为三个

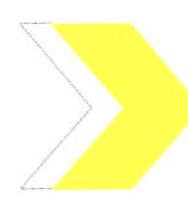

建筑材料生态环保

旅舍大量采用竹木等自然环保素材表现朴实简约的形态。建筑落实低碳环保策略，协助拓展当地日益兴起的生态旅游。

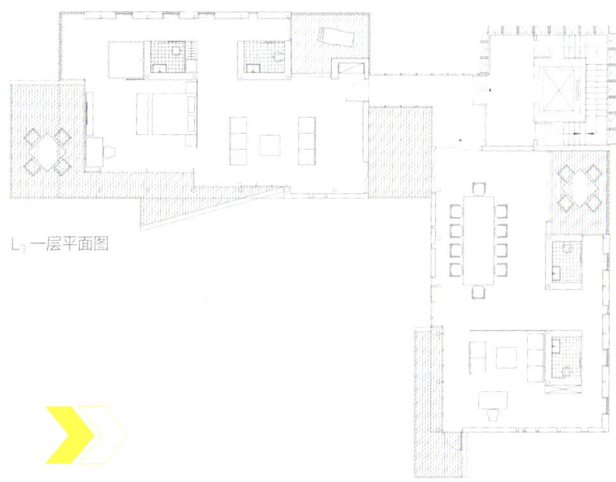

L3 一层平面图

体量，即两个翼和半开放垂直上落空间，并通过景观廊桥连接。客房设计是林间风景的延续。起居和卧室的一侧面向山谷和庭院，设计开敞通透并结合深远出挑的景观露台。较为私密的卫浴一侧与起居空间通过木质的特征墙分隔，竖窗引入微妙的光线。

绿色建筑的未来之道更在于以创新、动态和非标准化的合成来定义属于自然的城市与乡野的必要性，以提升由此形成的以质量和经验为基础的环境意识。

分水岭策略

因为保育分水岭的缘故，建筑仅覆盖 1/5 的场地，从而保有了水土和植被。

其他用到的可持续技术：

太阳能热水技术；

高保温外墙体；

双层 Low-E 窗；

屋顶种植；

透水性地面；

生态多样性和本地植被景观；

新风热回收系统和高效能热泵；

雨水回收用于景观、中水处理。

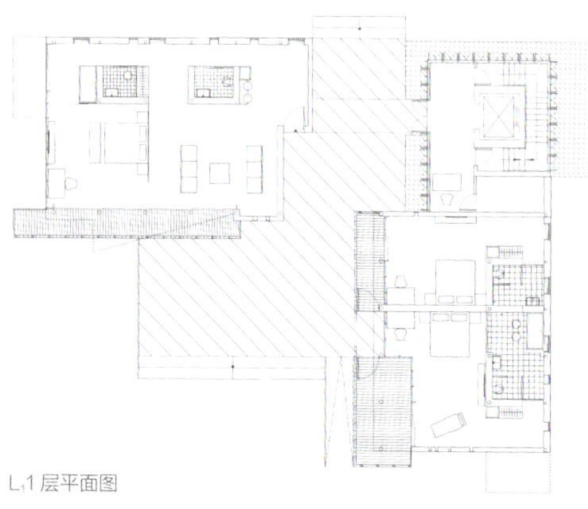

L_1 1 层平面图

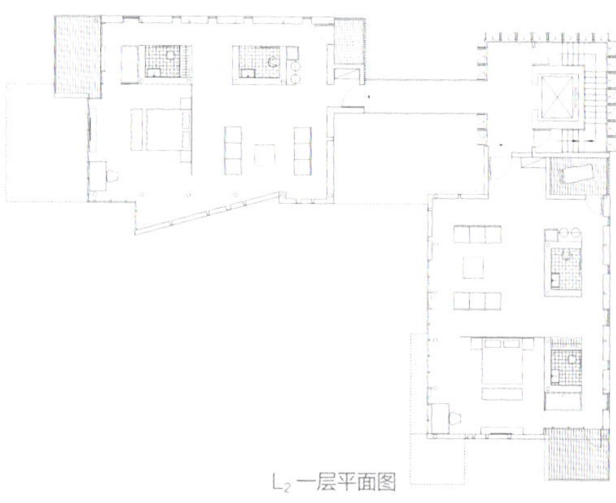

L_2 一层平面图

太阳能热水系统

太阳能热水系统是利用太阳能集热器，收集太阳辐射能把水加热的一种装置，是目前太阳热能应用发展中最具经济价值、技术最成熟且已商业化的一项应用产品。太阳能热水系统的分类以加热循环方式可分为：自然循环式太阳能热水器、强制循环式太阳能热水系统、储置式太阳能热水器等三种。

透水性地面

城市化最重要的特征之一就是原有的天然土壤植被不断被建筑物及非透水性硬化地面所取代，从而改变了自然土壤植被及地下垫层的天然可渗透属性，这种改变是城市一系列环境问题的根源之一。透水性铺装的内部构造是由一系列与外部空气相连通的多孔结构形成骨架，同时又能满足路用强度和耐久性要求的地面铺装。透水性铺装生态环境方面的优势包括改善城市热岛效应，涵养地下水，水体净化，改善地表生态环境，吸声降噪及城市防洪等生态效益。

总平面图

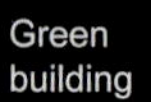

码头大道
Wharf Road

项目概况

建筑设计： oppenofice Architecture

建筑面积： 139354.56m² 酒店综合体

项目位置： 澳大利亚冲浪天堂

效果图： Luxigon

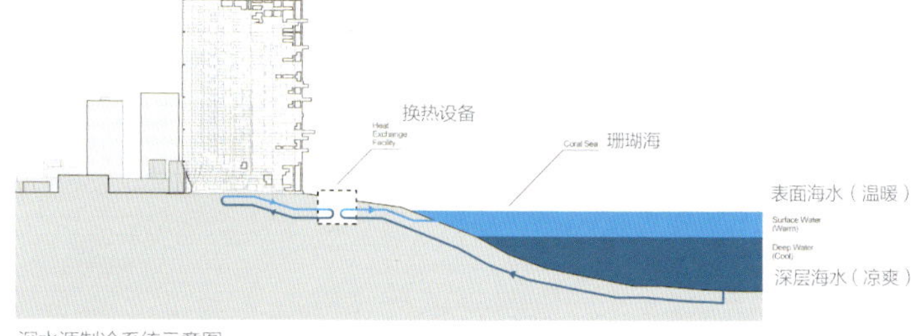

深水源制冷系统示意图

5000 年来人类一直努力与自然抗衡，对自然界进行建设——建筑师提出应该改变这种关系。设计帅希望创造一种新的建筑，融入自然环境，而非改造环境。由澳大利亚丰富的景观地质资源取景，"码头大道"项目设计方案将这些特点融入城市环境当中。建筑坐落于海滨和雨林之间，形成了生态设计的新地标。位于金色海岸之滨的本案目将是一个四季健康、节能、舒适的居所。通过阳台和巨大的天窗人们可以在户外惬意交流。大厦建成后使用的材料为低散发性的可再生材料，创造空气清新环境友好的室内环境。中央空调系统将供应高度过滤后的新鲜空气，将灰尘排出，保持环境的清洁健康。立面将高效遮阳，玻璃幕墙采用双层玻璃，这些材料都具有高度隔热性，以便项目顺利通过绿色星级认证。

可再生能源技术应用

深水源制冷系统
垂直轴风力发电机
潮汐能发电
太阳能热水板
三联产技术
微型燃气轮机

深水源制冷系统

深水源制冷系统是空气冷却的一种方式，为居住空间提供舒适的环境。它大规模利用自然冷水作为散热装置。它利用位于湖泊深处、海洋，土壤含水层或河流的水源，温度在 4℃ ~10℃或更低。水首先通过热交换器的泵被抽出，进而生成冷却水。该设备非常节能，耗能仅为传统冷却系统的 1/10。

垂直轴风力发电机

垂直轴风力发电机是一种主轴垂直转动的风力发电机，优点在于发电机、变速箱可以放置于底部接近地面处。这样就不需塔架支撑。轮机不需对风，机舱和齿轮箱可以置于地面。所以风力机适用于更高风速，并且可以无阻碍地迎向盛行的东风。大部分风力发电的电能都经以下形式产生：通过风力发电机将涡轮叶片旋转做功转化为电流。风力能源丰富、可再生、清洁并广泛分布，如果代替传统燃料发电模式，可以减轻温室效应。

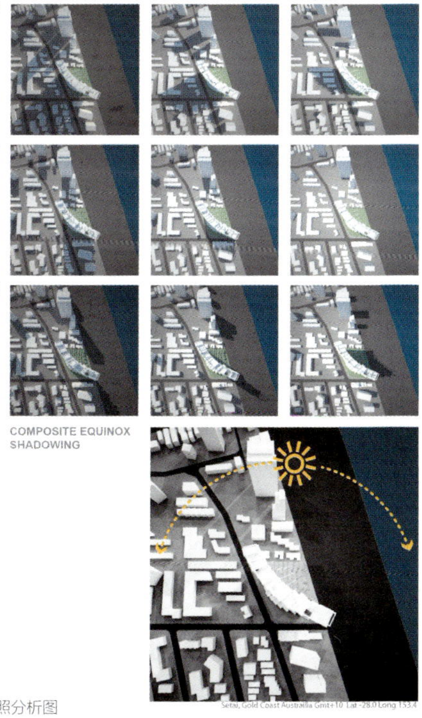

六月　九月　十二月

9AM

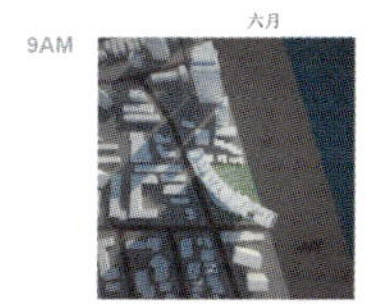

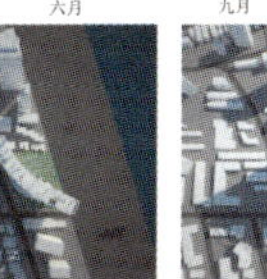

12PM

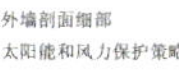

3PM

COMPOSITE EQUINOX
SHADOWING

Setai, Gold Coast Australia Gmt+10 Lat -28.0 Long 153.4

日照分析图

外墙剖面细部
太阳能和风力保护策略

1. 铝合金框架高性能玻璃幕墙
2. 预制活动遮光系统
3. 薄板缓冲玻璃围栏
4. 种植当地植物的整体花池
5. 建筑表面集成光伏设备

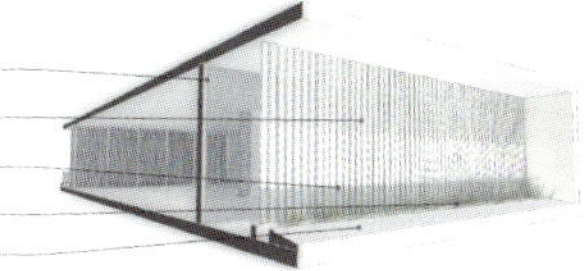

整体遮阳防风

1. 铝合金框架高性能玻璃幕墙
2. 预制活动遮光系统
3. 薄板缓冲玻璃围栏
4. 种植当地植物的整体花池
5. 建筑表面集成光伏设备

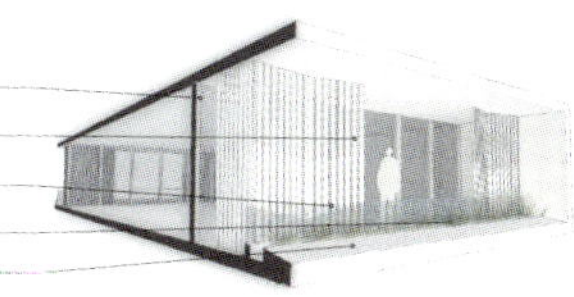

局部遮阳防风

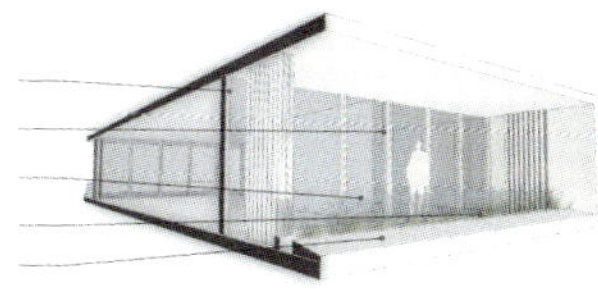

全部开敞

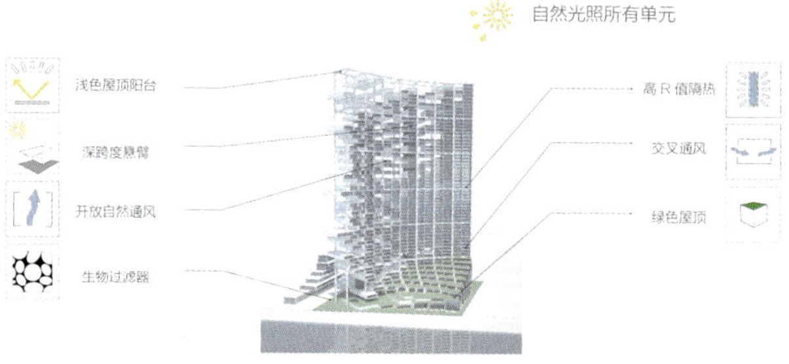

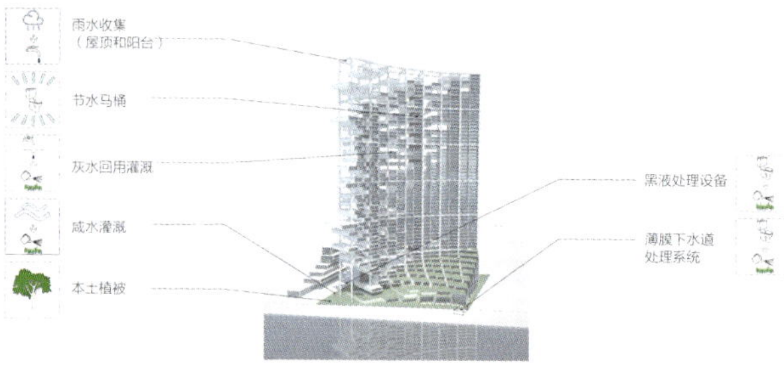

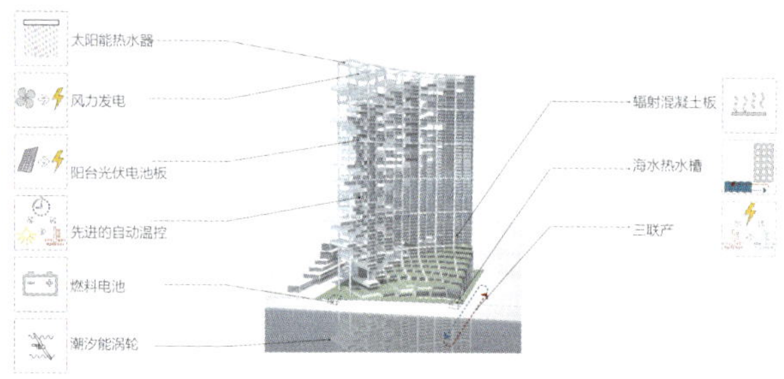

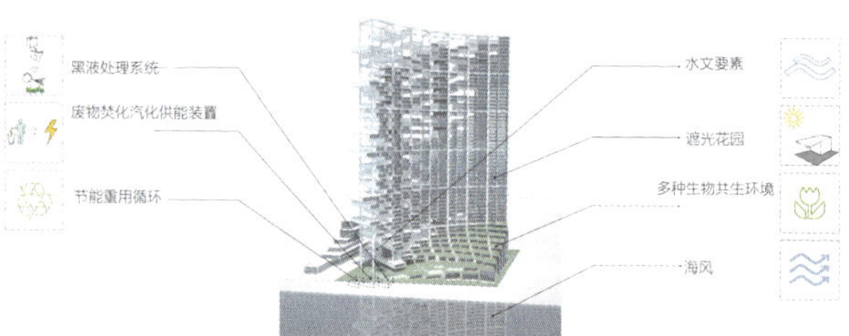

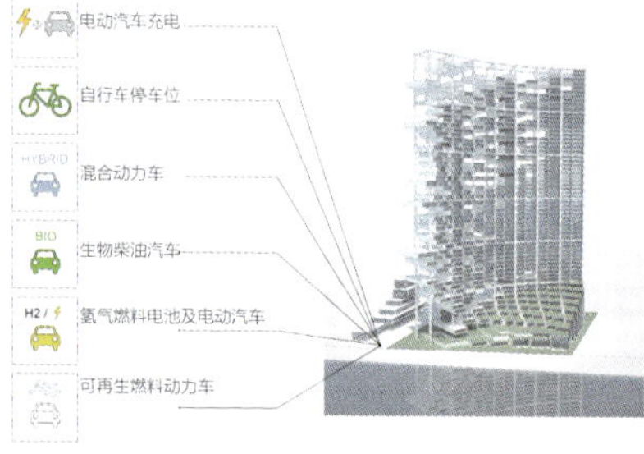

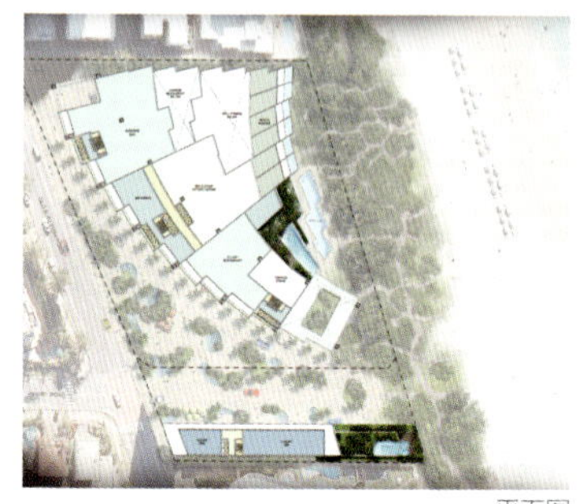
平面图

潮汐能发电

潮汐能是一种水力发电模式，将潮汐能量转化为电能或者其他有用形式的能源。潮汐能能通过潮汐能发电机发电。这些大型水下发电机置于潮汐运动高发区，设计用来获得潮水涨落时产生的能量进行发电。潮汐能利用海洋蕴含的巨大的能量，在未来能源利用和发电方面潜力巨大。

太阳能热水器

太阳能热水器利用太阳能加热流动水，用来将太阳热能转化为可在室内存储器的热能。例如，饮用水加热后会被存储在一个热水槽中。平板式太阳能集热器通常置于屋顶，配有一个吸热板，内置液体环流管。吸热板表面通常涂成黑色，确保太阳辐射转化为热能，液体流经管道时将热能带到使用地点或存储器。经过加热的液体在水泵的作用下进入热交换器，热交换器通常盘绕在存储容器中或者是外置交换器，在此热量得以存储，这之后液体流回吸热板进行再次加热。液体循环可在机械泵的辅助下工作，机械泵可以由光伏电池供能。或者（在设备条件许可的情况下）通过所谓温差环流系统，使液体流向位于系统上方的容器。

三联产技术

三联产技术即同时生产多种机械能（通常转化为电能）。由太阳能或燃料的单一热源进行加热或冷却。在能量共生的同时，人可对能量生产过程中的废热加以控制，这样就增加了系统的整体效率。通常空间加热和热水存储池用来存储发电过程中所产生的废热。在夏季对热能的需求大大减少，热电联产过程中产生的废热可以通过吸热冷却装置转化成制冷能量。三联产技术有时可简写成 CCHP（制冷、供暖和发电相结合）。

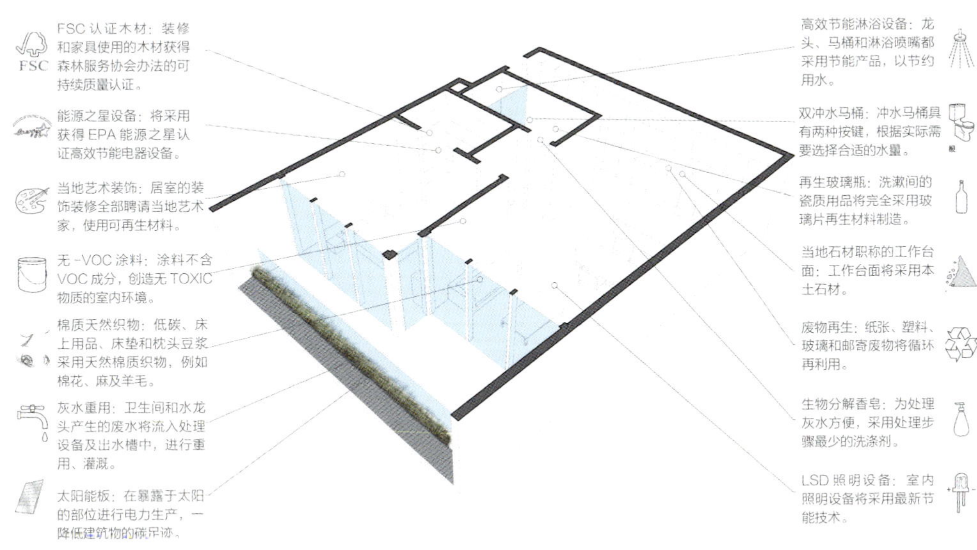

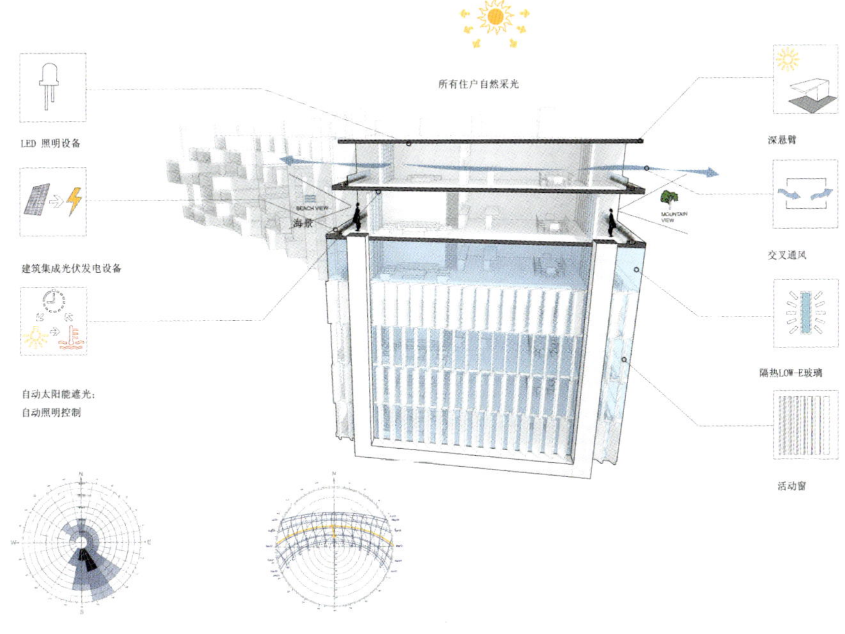

盛行风：盛行风为东南风，项目设计旨在尽量使建筑避免暴露于下午炎热的风中。

阳光轨迹：如上所述，项目设计针对阳光轨迹进行设计，东侧和西侧立面有PV阳光遮光设备，以获得最多的太阳能

微型燃气轮机

微型燃气轮机作为分布式能源及热电结合的设备得到广泛推广。微型燃气轮机系统较往复式发动机具有更多优点，例如拥有更高的重量功率比，极低的热量散失，装备更少的或者唯一的运动机件。微型燃气轮机的优点在于安装箔片轴承和空气冷却设备，不需要润滑油、冷却液或其他具有危险性的物质。微型燃气轮机更大的优点在于排气装置的废热温度较高，更利于回收，而复式发动机的废热通常在排气和冷却系统中被浪费。典型的微型燃气轮机功效在 25%~35% 左右。与热力或电力联产设备结合时，通常可以达到高于 80% 的高效。

威廉斯堡酒店
Williamsburg Hotel

项目概况

占地面积：7989 m^2

项目位置：纽约 布鲁克林

建筑设计：OPPENHEIM

OPPENHEIM 公司赢得了纽约布鲁克林新酒店的国际设计竞赛。这一设计是在威廉斯堡桥出现108 年之后的第三个支柱建筑。

灰水 (grey water)

是除厕所排放的废水和粪尿外的来自家用浴缸、淋浴、洗手池和厨房洗涤槽等的家庭生活污水。灰水是相对于黑水来说的，我们平常所说的黑水主要是从马桶里、小便器或病房里出来的水，而灰水是从洗脸盆和地漏里出来的水。主要在船舶上的应用。

客房面积：8788 平方英尺
酒店一中间面积：30395 平方英尺
酒店一塔楼 B 面积：35420 平方英尺
酒店一塔楼 A 面积：35420 平方英尺
平台一酒店、酒吧、办公室、大厅面积：5583 平方英尺
总计：85940 平方英尺
（一平方英尺 =0.093 平方米）

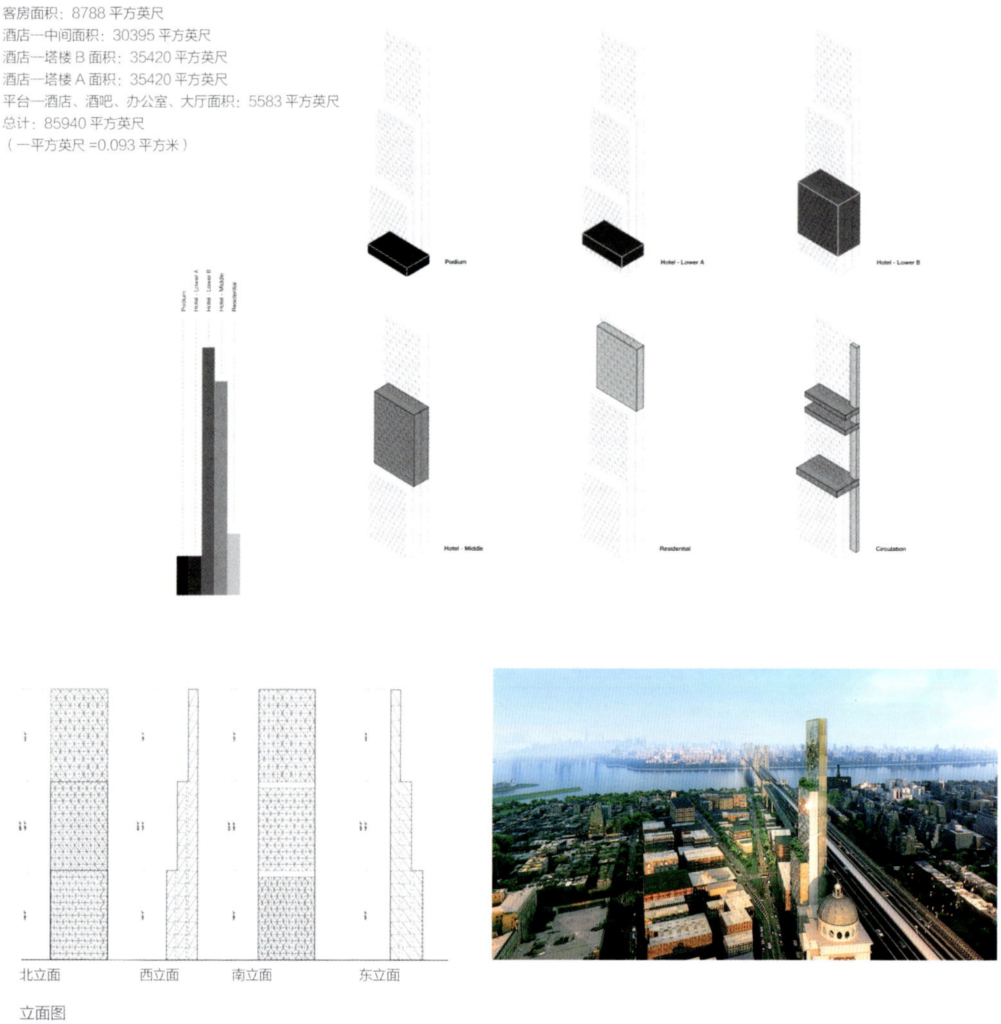

立面图

布鲁克林的威廉斯堡是世界上最有趣最时尚前沿的生活社区之一。它是一个未经开发的，敏锐的，富有影响力的并且充满热情和多元化风格的中心区域。这个地方吸引了有学识的人前来追寻“真实世界”。

威廉斯堡酒店设计旨在抓住这块活力区域的本质。大楼临近威廉斯堡桥和有历史意义的威廉斯堡储蓄银行。它展现了三个戏剧化比例的直线型体量，它们分别有不同的高度和材质。从这块生活社区的高空鸟瞰，酒店变成威廉斯堡桥的第三个支柱，同时它也成为了伴随穹顶巴西利卡式历史银行的典型高楼。基于基本的外形和比例，大楼楼群从激发传统纽约摩天大楼形式的街道退让，到了一个极端的尺度：最高的大楼达 440m 高，每栋大楼仅仅 16m 宽。三座大楼都分别与不同的尺度和文脉对话：最矮大楼的体量直接与周边建筑的尺度和材料相关；中等高度的大楼与标志性的威廉斯堡银行相接；第三个大楼体量直达蓝天，与大桥对话。形态细长的大楼成为汽车或火车进入布鲁克林的信号塔，而且体量上也逐步向街道变小。

像大桥一样，大楼是工程与建筑的完美结合：内外的结构系统都用富有动感并且有功能性的图案来表达。设计的逻辑效率变为结构的纯粹——对角型的钢结构不仅构成了一个复杂精细的立面，还优化地抵御了平行荷载。方形外壳不仅提供了从酒店望向曼哈顿的壮观视野，而且形成了一个可以持续反射和变形阳光的万花筒。建筑的可持续设计策略包括垂直轴风力机、绿色屋顶、雨水收集重用设备、灰水处理重用设备和高性能幕墙。地热、风能和太阳能的利用，还有不同的节能策略让大楼设计达到了 LEED 的白金级标准。

可持续设计策略
垂直轴风力机
绿色屋顶
雨水收集重用
灰水处理重用
高性能幕墙
垂直轴风力机
绿色屋顶
雨水收集重用
灰水处理重用
高性能幕墙

客房—高层
共9层
RESIDENTIAL - TRIPLEX
9 FLOORS
酒店—中间层
共10层
HOTEL - MIDDLE
10 FLOORS
酒店—低层B
共9层
HOTEL - LOWER B
9 FLOORS
酒店—低层A
共2层
HOTEL - LOWER A
2 FLOORS

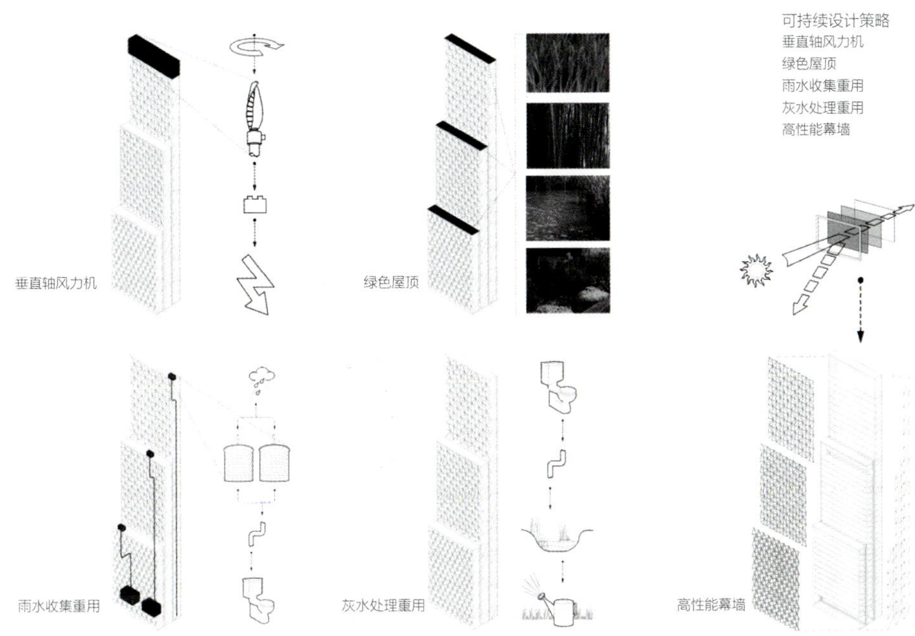

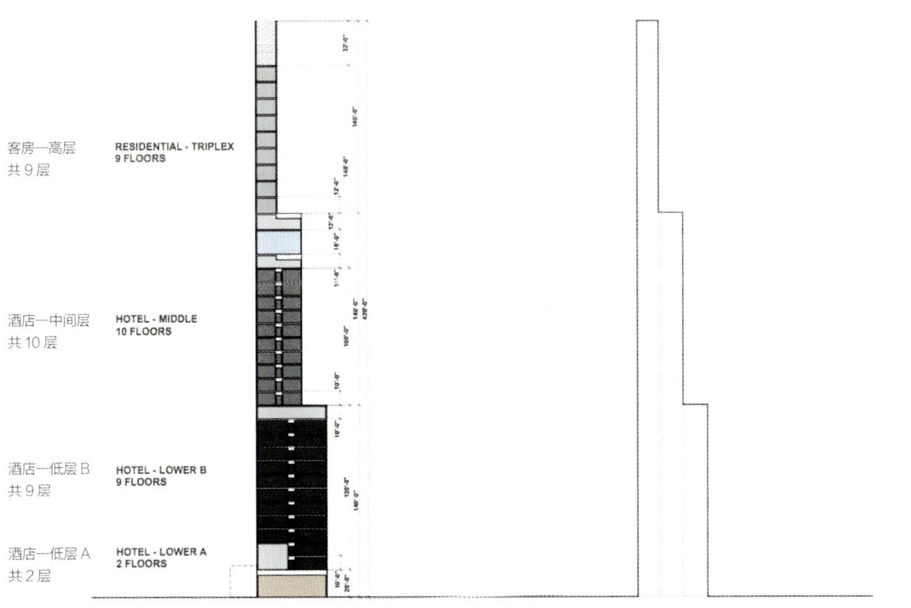

剖面图

城市之光综合体

City Light House

项目概况

项目位置：德国柏林

建筑面积：11570 m^2

建筑设计：Collignon Architektur nud Design GmbH

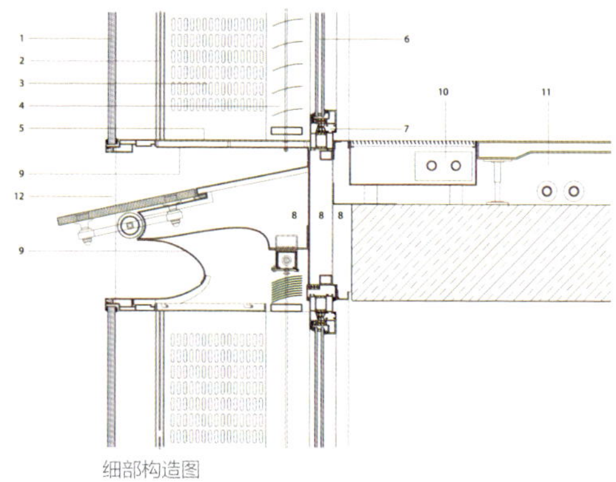

细部构造图

透明、轻巧和闪耀的玻璃立方体带有让人惊奇的物质性和极简主义抽象的力量，定义了这个在库弗斯坦达姆附近的重要城市街角。夜幕降临，人工照明的三维单元中整合了一层楼层高的发光二极管，这体现了灯光与建筑的新颖共生体。强大的建筑身份是有效的都市设计语言，同时也是市场营销的工具。按照最新的设计标准，项目被认为是灵活和经济型的建筑，它的环境设施的标准适于其市场定位。项目的效率非常高，并实现地块利用最佳化。

双层通风玻璃幕墙

双层通风玻璃幕墙（Double Skin Façade），于 20 世纪 90 年代在欧洲出现，并逐渐得到应用，尤其在德国应用更为广泛，它对提高幕墙的保温、隔热、隔声功能起很大的作用。分为封闭式内通风幕墙和开敞式外通风幕墙。第一种幕墙适用于取暖地区，对设备有较高的要求。外幕墙密闭，通常采用中空玻璃，明框幕墙的铝型材应采用断热铝型材；内幕墙则采用单层玻璃幕墙或单层铝门窗。为了提高节能效果，通道内设电动百页或电动卷帘。第二种与内通风幕墙相反，开敞式外通风幕墙的内幕墙是封闭的，采用中空玻璃；外幕墙采用单层玻璃，设有进风口和排风口，利用室外新风进入，经过热通道带走热量，从上部排风口排出，减少太阳辐射热的影响，节约能源。它无须专用机械设备，完全靠自然通风，维护和运行费用低，是目前应用最广泛的形式。

可再生资源技术应用

它由新开发的“单元格外墙”所构成，这是一种在技术、建筑物理和建筑学中进一步开发的双层通风玻璃幕墙。这是整体建筑生态理念的一部分。项目节约能源，改善冬天的热舒适度。并能在保有自然窗户通风的同时，阻隔来自这个繁忙路段的噪音。建筑服务的理念将自然 / 机械和热系统结合起来，并具有与低耗能建筑标准相符的特别节能措施，大型楼板系统与单元格外墙的缓冲功能和采用夜间通风冷却的自然换气系统结合。热回收系统搭配自由冷却系统和使用喷洒水箱为冷热的缓冲储存装置，生成了高效能的建筑供暖和冷却系统。该系统由电脑控制。雨水被收集储存到中庭南面的水池里，并设有喷泉在夏天为建筑热的这一面营造沁凉舒适的感受。

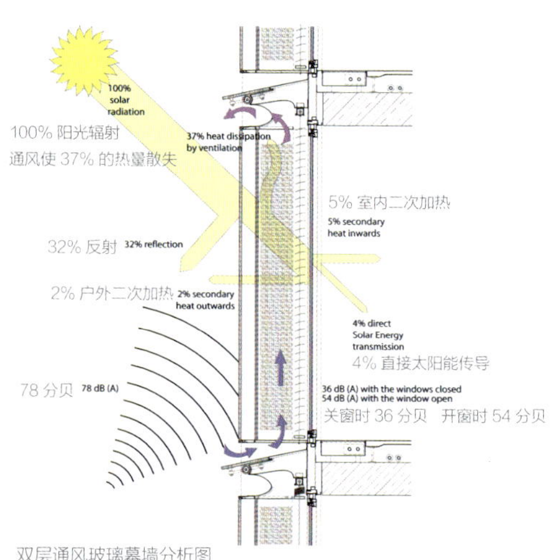

双层通风玻璃幕墙分析图

关闭时细部图

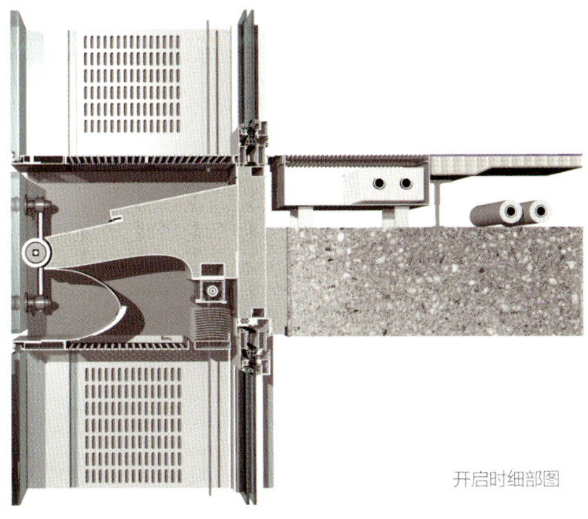

开启时细部图

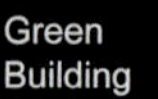

U-Bora 大厦
U-Bora Towers

项目概况

建筑设计：Aedas

项目位置：阿联酋 迪拜

占地面积：120000m^2

获奖：2012 阿布扎比都市风景大奖（商业、办公及居住类竣工项目）
2009 年阿拉伯住宅地产奖迪拜五星级最佳综合体建筑；五星级最佳建设工程
2009 年阿拉伯商业地产奖四星级最佳综合体建筑，四星级建筑奖

北立面图

隔热玻璃设备性能

透光系数：46

外部可见光反射系数：14

内部可见光反射系数：11

太阳能透射率：24

夏季白天 U 值 W (M2x° K)：1.9

冬季 U 值 W (M2x° K)：1.7

遮光系数：0.034

阳光入射率：30

颜色：高级 E2 中性蓝

隔热玻璃

隔热玻璃是一种性能玻璃，可分为 XRB1、XRB3、镀膜隔热玻璃三种。其中 XRB1 是磷酸盐吸收玻璃；XRB3 是硅酸盐吸收玻璃；镀膜隔热玻璃是隔热纳米粉体阻隔热量。它们不显著的吸收可见光线而是吸收大量产生热量的近红外光线，其中 XRB1、XRB3 在需要光线强度高的而又需要隔除热量的情况下性能特点最为明显。而镀膜热玻璃在建筑上使用可直接降低温度，温差在 3℃ ~6℃左右。

住宅区有通往私家住户天台的通路，那里设有泳池。多种木材和金属板用来覆盖立面，每层都延伸出阳台。这些阳台装有玻璃围栏，起到为公寓单元遮挡太阳辐射的作用。在内部，住宅位于宽大走廊的两端。户型分为开间、一居室、二居室以及三居室。住宅配有活动玻璃门，用于观景、和接收自然采光。

五层高的商业空间的一层和二层用作车库和机械设备室。其上的商业空间分为两种：主商业区和零售区块。外立面主要由石头和玻璃组成。南部商业区立面部分设置了铝制天窗，用于遮挡太阳辐射，提供自然通风。商业区顶端有一个屋顶露台，设有水处理设备、景观设施、照明设施，公众开放空间以及住宅区娱乐设施。在场地东北是一个广场。一条拱廊围绕底商展开，提供阴凉并将主商业区和零售区块连接在一起。

大厦的外部照明设备保持在最低能耗水平。东侧和西侧立面的垂直区域的照明设备是一种“灯光温度计”，根据户外气温的变化而变换色彩。大厦内部大部分区域使用 108-323Lx 的照明设备，能耗指标为 8.5W/m^2。外部景观照明的能耗更低，仅为 1.2W/m^2。

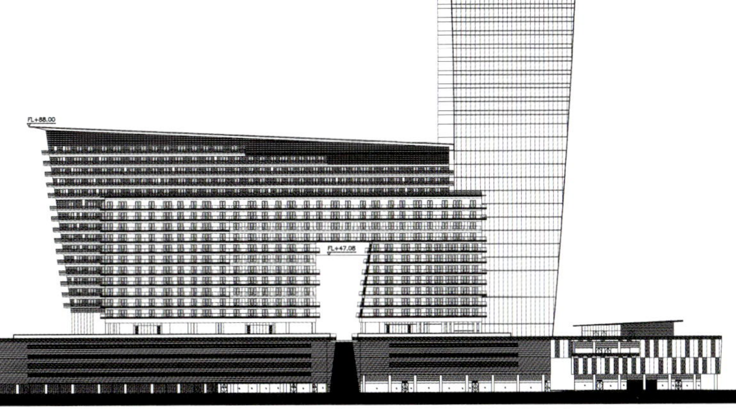

南立面图

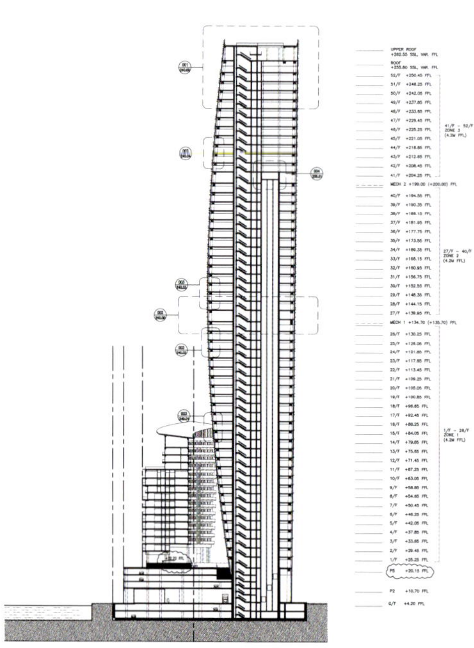

剖面图

建筑师安德鲁·伯格设计的U-Bora大厦综合体位于阿联酋迪拜著名的商业湾（Business Bay）的核心地带。建筑设计同时注重建筑的三种功能——办公、居住和商业，旨在将场地的功能和作用最大化发挥。三个功能区域通过一处10000m²的公共景观带联系在一起，茂密的植物遍布场地的每个角落。两处巨大的楼梯位于办公楼两侧，第三条通路通过居住区域的“巨型大门”一直通向南侧的水滨。U-BORA大厦的综合功能满足每个人的需要，同时办公、居住和商业三种用途的结合也是一种互补，增强整个区域的活力。建筑有力、简明儿富于动感，将成为引人关注的地标项目。大厦在商业湾独树一帜，成为整个区域建设的典范。

办公楼位于街角，以便于楼内用户面向湖水观景。随着塔楼高度的上升，建筑的四个面在三维空间上相互响应，称一定角度扭曲向上，以达到最佳视野。塔楼有两层专门安放机械设备，一个位于26层和27层之间，一个位于40层和41层之间。此外还有一个两层楼高的机械空间。

居住区域不与周边的摩天大楼比试高度，楼层较低并临近建筑南侧的水体。从塔楼一端的12楼到西侧的15楼，建筑师设计出一个横栏的形状，使绝大部分单元都能无障碍地观赏水景。

可再生能源技术应用

被动太阳能设计应用于建筑之中。建筑及一些构件的设计在建筑材料和建筑设计方法上利用了自然能源的特性。办公塔楼的低层有一个五层楼高的开放中庭，作为上层办公空间的大堂．中庭将自然的阳光进入内部空间，并有利于自然通风。塔楼外立面使用隔热玻璃设备作为塔楼的幕墙。这些玻璃设备具有良好的热工性能，并能够满足迪拜当地对于高隔热性的需要。同时，玻璃的颜色和反射率经过精心选择，使塔楼外形美观，在周边区域内独树一帜。

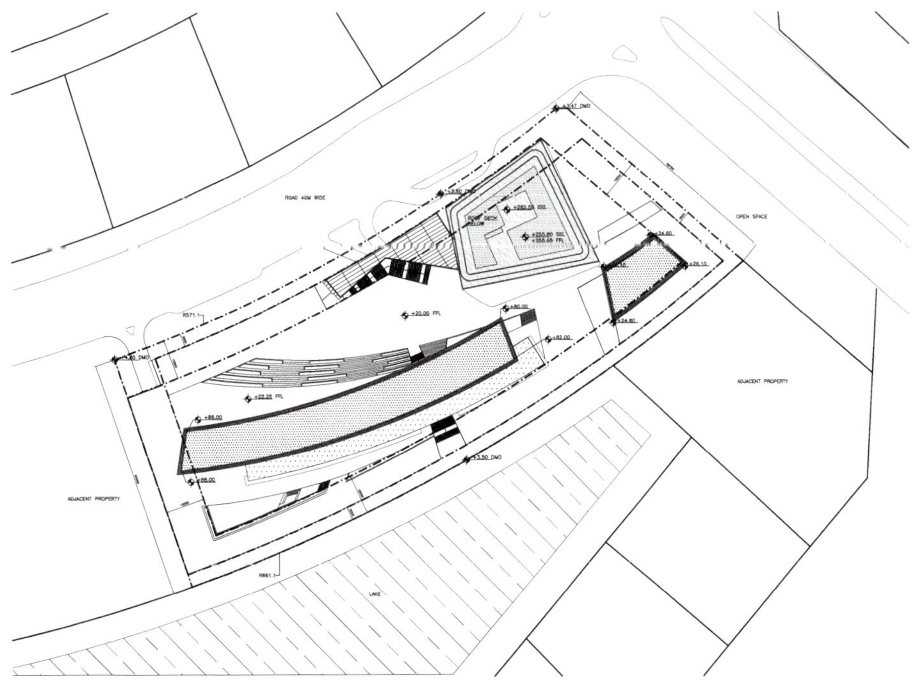
ROAD 45M WIDE
OPEN SPACE
+20.00 FFL
+80.00
+82.00
+24.60
+26.10
+22.25 FFL
+88.00
+3.50 DMD
R571.1
R661.1
ADJACENT PROPERTY
ADJACENT PROPERTY
LAKE
+255.60 SSL
+255.95 FFL

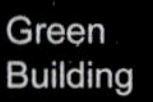

哥本哈根大学中央科技大厦园区

Extension of PANUM Complex of Copenhage University

项目概况
面积：35000 m^2
位置：丹麦 哥本哈根
建筑设计：C. F. Mϕller Architects
获奖：2010 年国际竞标第一名

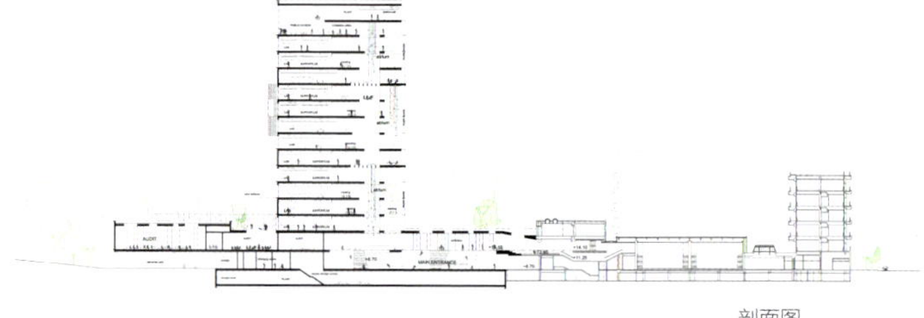

剖面图

C. F. Mϕller建筑事务所与SLA and Rambϕll公司合作，以第一名身份中标哥本哈根大学中心园区PANUM综合体扩建项目。项目计划新建的科技大厦将成为整个校园中独树一帜、充满雕塑感的地标建筑，对城市空间构成巨大影响。项目还包括一个益及建筑及周边城市的城市公园。16层高的医学科技大厦为园区带来一种统一、动态的焦点和清晰明了的形式。就像树木需要巨大的根系支撑一样，大厦有一组承担公共功能的建筑群组成。包括礼堂、教室、餐厅、教学实验室、会议室和书店、咖啡厅。根系最显著的部分是一个大型科技中心，将成为综合体的社交中心。中心位于主入口处，并将承担主要会议厅的作用，将新建建筑和PANUM综合体的既有建筑连接起来。

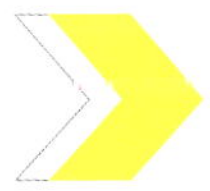

新风系统

建筑将在能源利用方面成为先锋，这里将设置丹麦最节能的实验室。通过对通风系统的废热进行回收，使建筑总体能量平衡达到前所未有的水平。

雨水收集系统

所有大楼都设置绿色屋顶，可进行雨水处理。雨水收集装置位于地下，所收集的水用于卫生间及灌溉之用。

被动太阳能系统

通过被动式技术对太阳辐射进行控制和利用。精密设计的进光口提供了深入建筑内部空间的良好光线。

双层幕墙由被动阳光效应供给中庭自然通风。自然通风与绿植结合，创造宜人的室内气候。可移动遮阳设备、双层幕墙、高绝热围护层为建筑提供了良好的热环境。圆形的大楼、周边低矮的建筑以及大楼周围的植物保证了良好的风向。

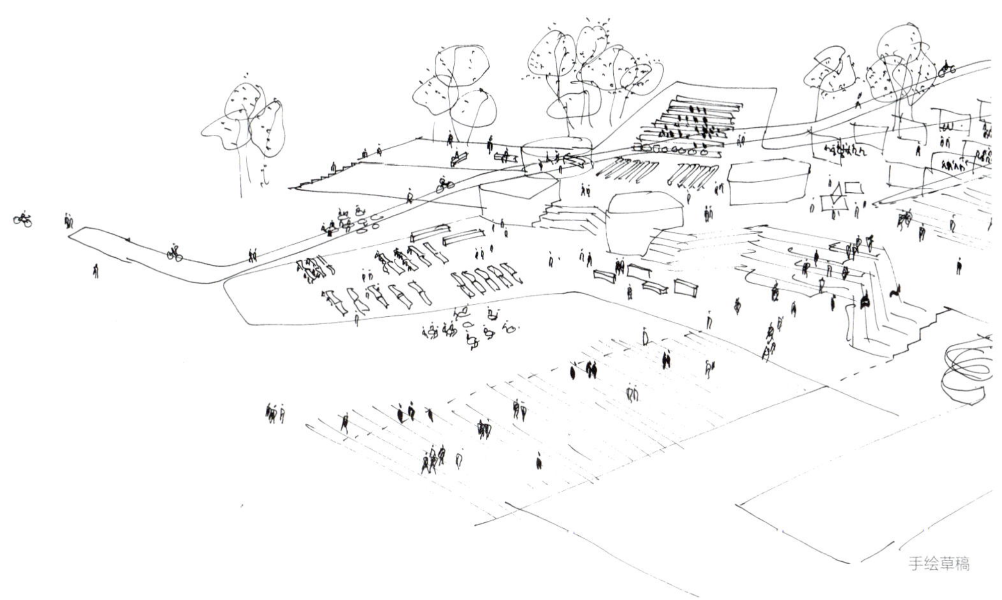

手绘草稿

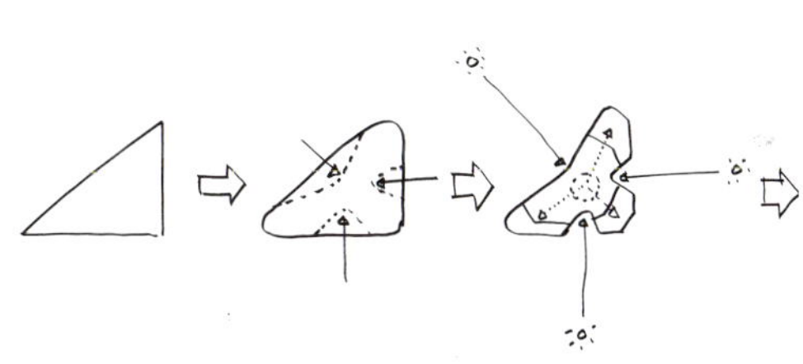

大厦实验室的设计和组织结构能提供大视野和阳光，是内部相互毗邻，创造灵活性和实用性。

几何分析图

塔楼分析图

这座方向的科学大厦有独特的
开放及通透空间——水平方向和垂直方向

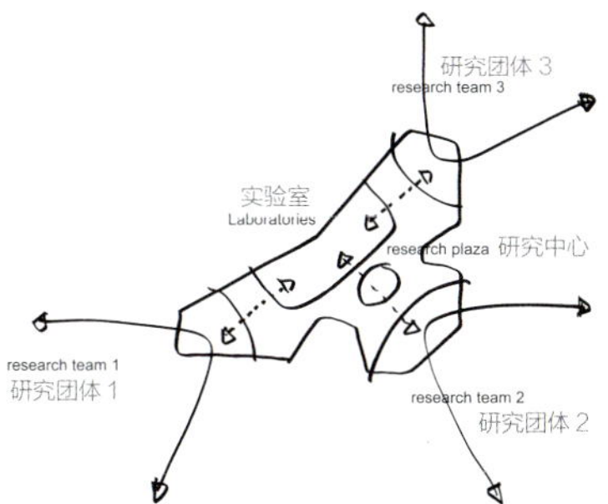

三角形的设计保证每个研究团队之间的相互距离最短，中央实验室与共享研究中心之间距离最短，同事提供相同的外观视野和光照。

规划布局图

其他可持续设计措施

低气流阻力的外部大型排气管道
集成余热回收系统的机械通风
外露天花板集热器（实验室不安装）
外置集热器
优化排风罩
低压力损失大型附加管道
集成余热回收的机械通风系统
利用实验室废水的余热回收
位于中央的能耗显示面板，将能源功效可视化地呈现
智能照明设备
废气排气管道

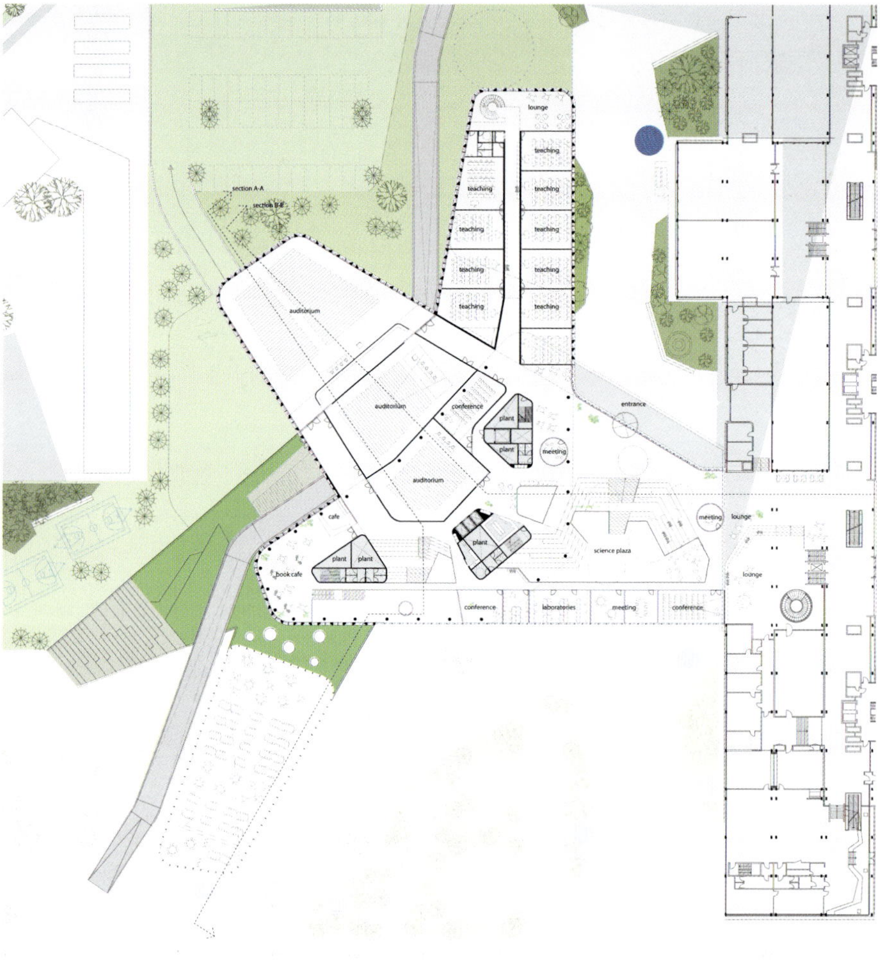
lounge
teaching
teaching
teaching
teaching
teaching
teaching
teaching
teaching
teaching
section A-A
section B-B
auditorium
auditorium
conference
plant
plant
meeting
entrance
auditorium
cafe
plant
meeting
lounge
science plaza
lounge
book cafe
plant
plant
conference
laboratories
meeting
conference

一层平面图

PLANT
PUBLIC ACCESS
atrium
atrium
atrium
AUDIT
+14.10
CANTEEN
PLANT
BICYCLE STORAGE
+4.35

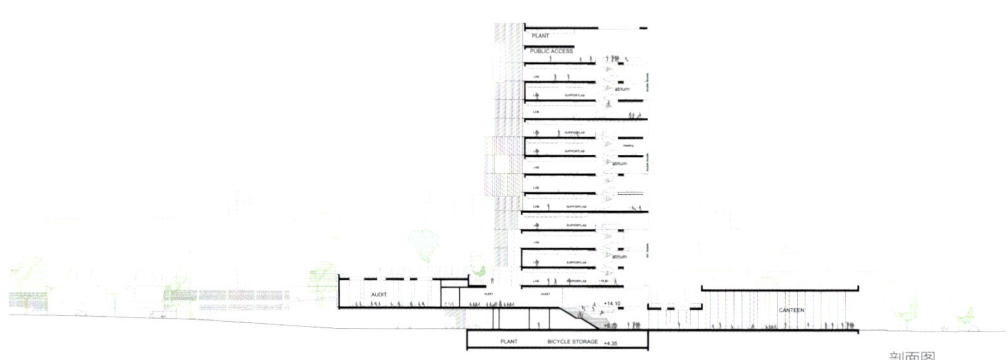

剖面图

中庭分析图

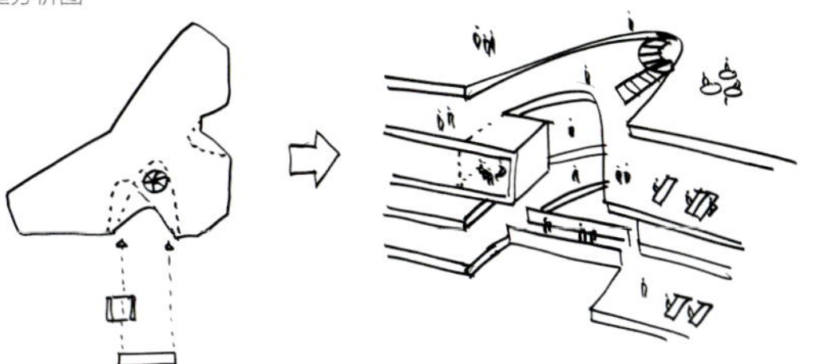

开放楼梯和悬浮会议厅位于中庭，同时设有阳台和交叉桥，通过交叉的视野和楼层间的视觉效果，创造了生动的室内环境

绿化分析图

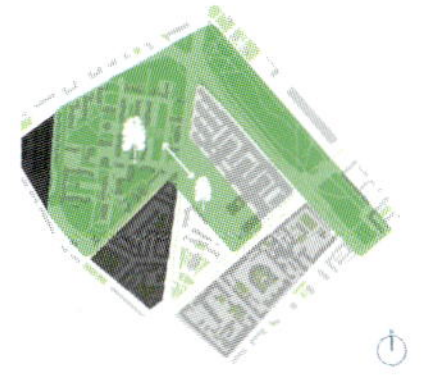

绿地环绕
园区新景观与城市原有绿地空间 DEGAMLES（原地覆盖率最高的绿地）融为一体

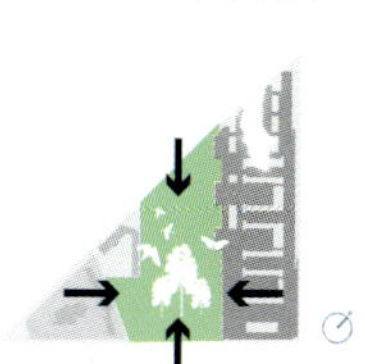

园区城市公园
目标是在三个方向都建设大面积的绿地公园，富于变化，生物多样的绿地空间

关系分析图

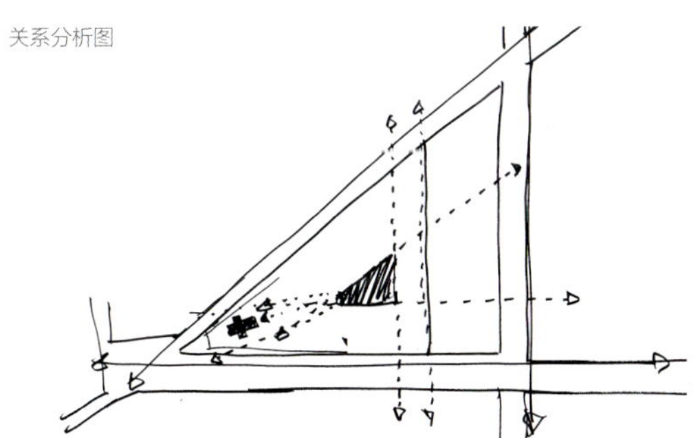

在设计科技大厦时，城市布局关系和视线是关键因素。三角形的形状来源于邻近的街道，最窄的一侧面向邻近的教堂尖顶。通过减小南部的面积，有利于建筑节能，减少辐射量。

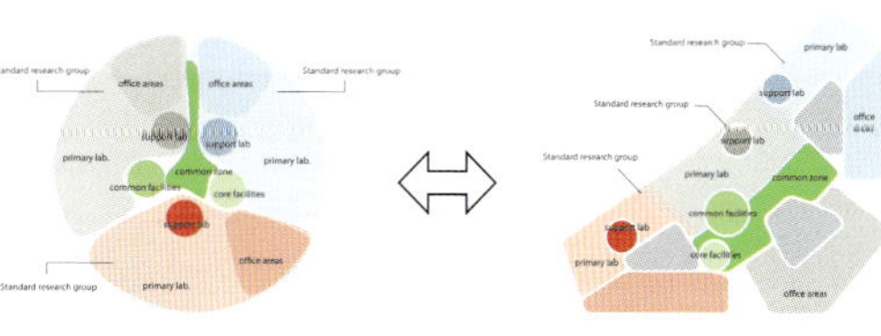

研究单元和楼层平面功能示意图

景观分析图

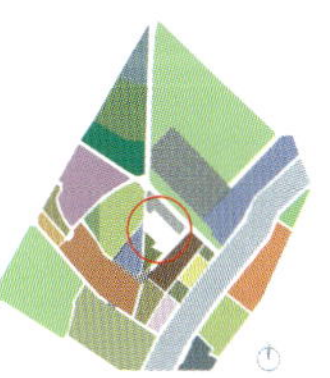

城市关系分析
PANUM 新区扩建工程位于NORREBRO 内部中心区域——城市建设最密集的区域之一。周围有多种种族人群、一些大型公共机构以及部分大型绿色空间。

拼接
从空间角度上，按照规划和类型学角度，该区域具有多样性和与其他空间相互毗邻的特点。新园区通过引入全新城市特点，融合城市与自然空间旨在加强这些特点。

材料

生物多样性

水

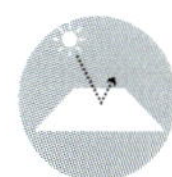
路面

平和的氛围

变化

户外活动

地面

珍宝公园住区
Precious Park Residential Area

项目概况
项目地点：罗马尼亚 布加勒斯特
面积：119190 m^2
时间：2008 年
委托方：Artbau international
建筑设计：Collignon Architektur nud Design GmbH

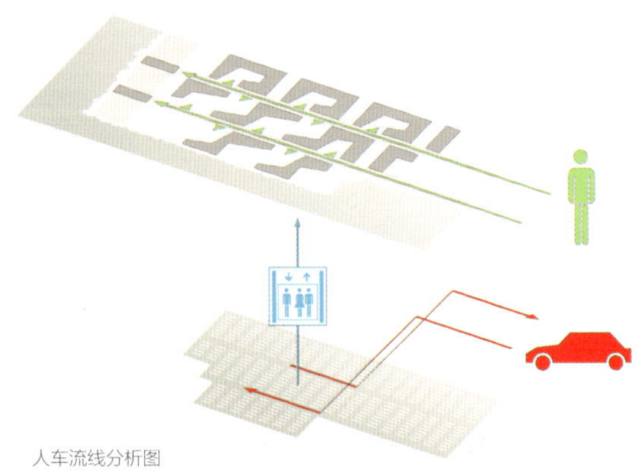

人车流线分析图

珍宝公园处在一个精心设计的自然环境中。实现这个目标的核心特色是优化的景观视野，迎向太阳方位以最大化住宅单元日照的朝向和与自然亲近的宽阔生活空间，同时具有高密度的配置。

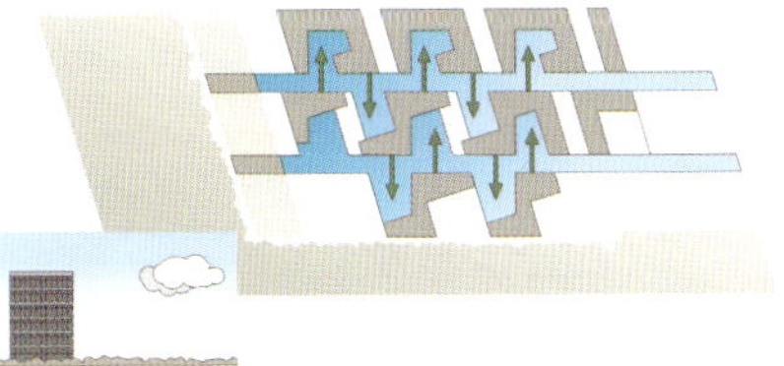

底平面分析图

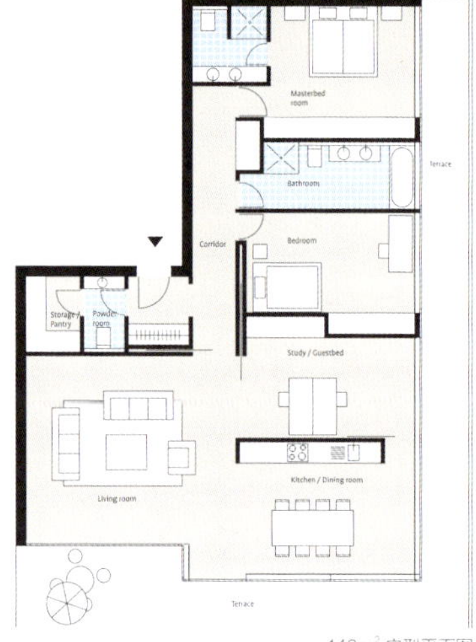

$140m^2$ 户型平面图

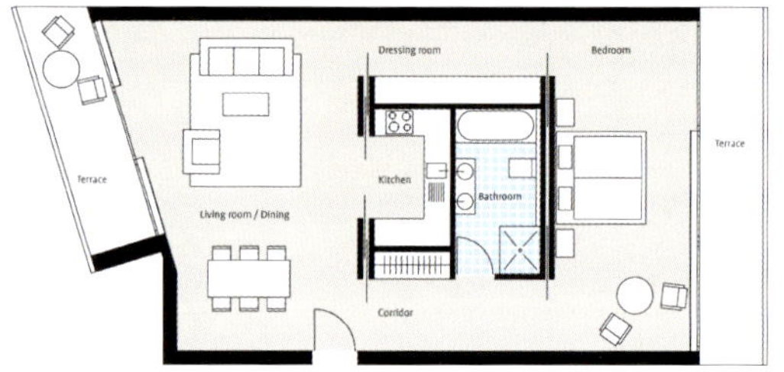

$85m^2$ 户型平面图

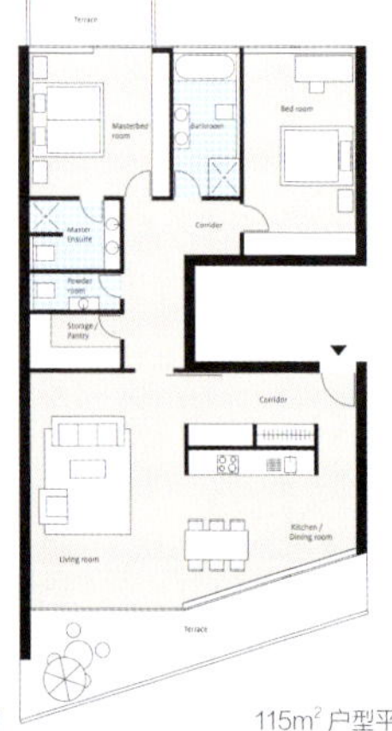

$115m^2$ 户型平面图

规划设计是基于一个精巧的韵律，在此建筑空间总是面临未建的空间。这个概念大大地提升了空间的感受。水岸路径、绿地和硬铺面区域的交替创造了漫步路径和广场，这样的空间引导人们使用这些已建和未建的、如同公园一般氛围。由此产生的空间具有动态的特质，并打破了和相邻的森林间的隔阂。

作为一个大型的开发案，珍贵公园项目采用了若干的绿色技术以创造一个可持续发展的社区聚落。它以高密度开发，从而降低其天然环境内的建设工地。整合的地景优化了功能区域并将本项目和与其毗邻的森林连接起来。住宅的发展即由一条带状的商业建筑物和相邻的高流量道路隔绝开来，它阐明了区域的入口并隔绝了噪声。珍贵公园是一个低交通流量的开发，交通只在入口的商业区域被予许。住宅经由地下的停车场到进入，这样的措施使得住宅区域免于任何交通的干扰。

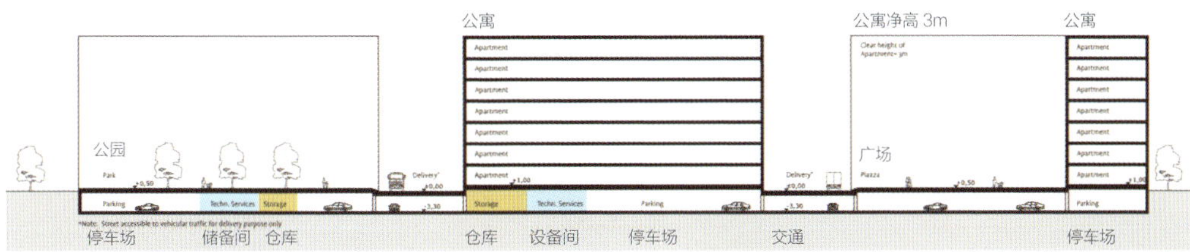

剖面图

可再生资源技术应用

项目的地块内配置了以搜集的雨水供水的水池。这些雨水被储存在地下的水槽里，而后再经由马达输送地面的水池。这些为娱乐休闲的水池，并为公共广场的视觉背景。水也通过这些点喷撒到空气中，借此达倒夏季外部空间的自然（绝热）冷却。地下水槽也为本项目提供非饮用用水。

楼层平面图

雨水收集系统

就是将雨水根据需求进行收集后，并经过对收集的雨水进行处理后达到符合设计使用标准的系统。目前多数由弃流过滤系统、蓄水系统、净化系统组成。雨水收集系统根据雨水源不同，可粗略分为两类。

1. 屋顶雨水。屋顶雨水相对干净，杂质、泥沙及其他污染物少，可通过弃流和简单过滤后，直接排入蓄水系统，进行处理后使用。

2. 地面雨水。地面的雨水杂质多，污染物源复杂。在弃流和粗略过滤后，还必须进行沉淀才能排入蓄水系统。

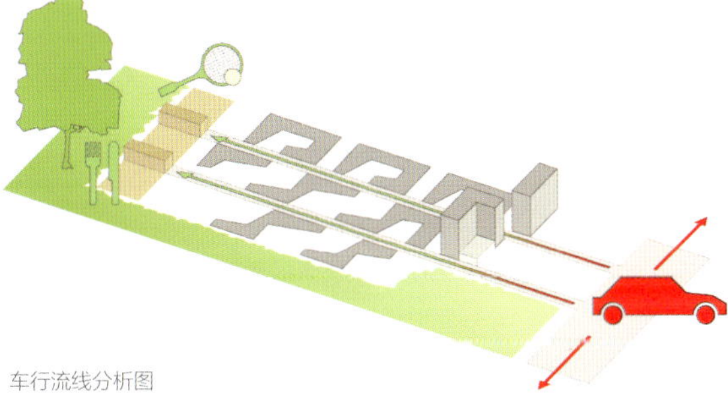
车行流线分析图

珍宝公园利用其腹地宽广的优势，采用了地热系统于加热和制冷的能源供应。立面上高能效、可移动的遮光百叶在冬季提供了太阳能的输入，在夏天则阻绝了热增益。

现代感的建筑立面设计使用了银，铜和镀金的铝来创造一个生动的形象。玻璃与不透明的立面嵌板和阳台的外部空间相关，阳台本身亦有部份不透明和部份玻璃的栏杆，则引导了色彩方案与材质。

在开发的最后阶段，一个宽敞的体育及康乐的中央空间提供了休闲、活动和交流的设施。藉由天然材料的使用，该区领域建立起和相邻森林的链结。

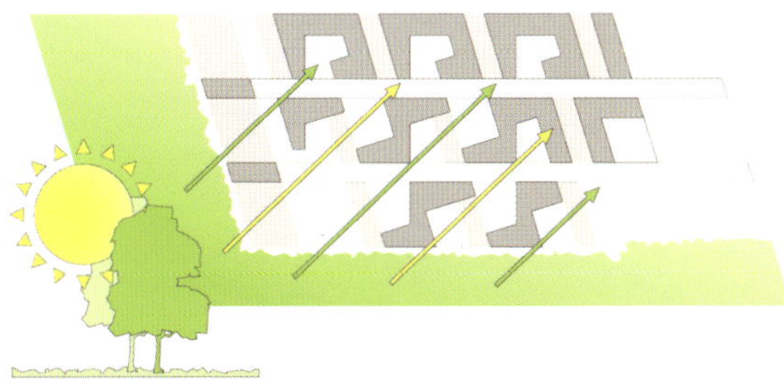
绿化分析图

Zuber 住宅
Zuber House

项目概况
地点：波兰 普什奇纳
建筑设计：Peter Kuczia
完工时间：2011 年
摄影： Lukasz Urbanski, Cracow

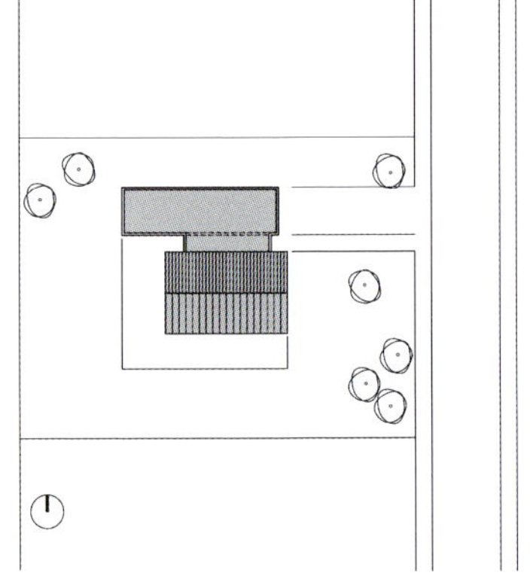
总平面图

生物燃料 (biofuel)

生物燃料泛指由生物质组成或转化的固体、液体或气体燃料。它是可再生能源开发利用的重要方向，具有良好的可贮藏性和可运输性，可提供可替代石油的液体燃料。狭义的生物燃料仅指液体生物燃料，主要包括燃料乙醇、生物柴油和航空生物燃料等。

生物燃料的全部生命物质均能进入地球的生物学循环，连释放的二氧化碳也会重新被植物吸收而参与地球的循环，做到零排放。物质上的永续性、资源上的可循环性是一种现代的先进生产模式。

住宅设计灵感来自普什奇纳地方特色以及当地传统建筑。按照低能耗房屋标准建设。建筑经济实用的外观和简洁紧凑的形状节约了资源、能源以及费用。建筑结构分为两个区域：一个区域采用双层倾斜屋顶，上面覆盖有纤维水泥材料，一个区域为临时活动场所，建有屋顶花园，以木料覆面。住宅应用了被动太阳能技术和主动太阳能组件，绿色材料和绿色技术。包括再生材料、太阳能板以及高性能绝热系统。种植有耐旱植物的绿色屋顶有利于较少通过屋顶进行的热交换。住宅建设十分节省开支。设计中用到的可持续技术：太阳能板、被动和主动太阳能技术，高隔热标准，生物燃料供暖，雨水收集重用以及可再生建筑构件。

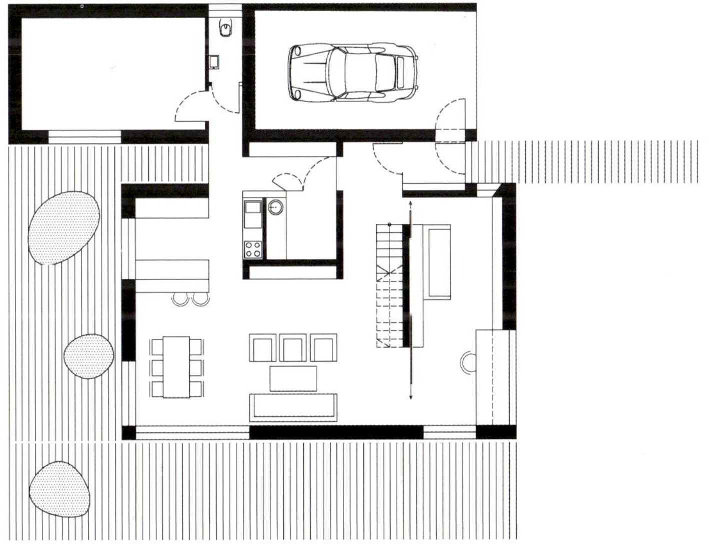

一层平面图

雀巢谷仓住宅楼
NESTLE GRANEROS

© Cristián Barahona

项目概况

获奖： 荷兰亨特道格拉斯国际奖“2009 年度世界最佳建筑”

建筑设计： GUILLERMO HEVIA H.（GH+A）

位置： 智利 VI 区

建筑面积： 2800m²

摄影： Cristiá n Barahona, Guillermo Hevia H,
Guillemo Hevia Garc í a

© Cristián Barahona

© Cristián Barahona

耐候钢

是一类合金钢，具有保护锈层，耐大气腐蚀，其原理是在钢中加入磷、铜、铬、镍等微量元素后，使钢材表面形成致密和附着性很强的保护膜，阻碍锈蚀往里扩散和发展，保护锈层下面的基体，以减缓其腐蚀速度。在锈层和基体之间形成的约50～100μm厚的非晶态尖晶石型氧化物层致密且与基体金属黏附性好，由于这层致密氧化物膜的存在，阻止了大气中氧和水向钢铁基体渗入，减缓了锈蚀向钢铁材料纵深发展，大大提高了钢铁材料的耐大气腐蚀能力。在室外曝露几年后能在表面形成一层相对比较致密的锈层，因而不需要涂油漆保护。耐候钢的性质取决于它的厚度和合金成分。

由于有独特的粗犷外表，耐候钢被大量用于室外雕塑（如“芝加哥的毕加索”）和建筑外墙装饰，如澳大利亚当代艺术中心。它亦有被用于桥梁或其它巨大的结构中，在海洋运输中，耐候钢用于制造货柜。

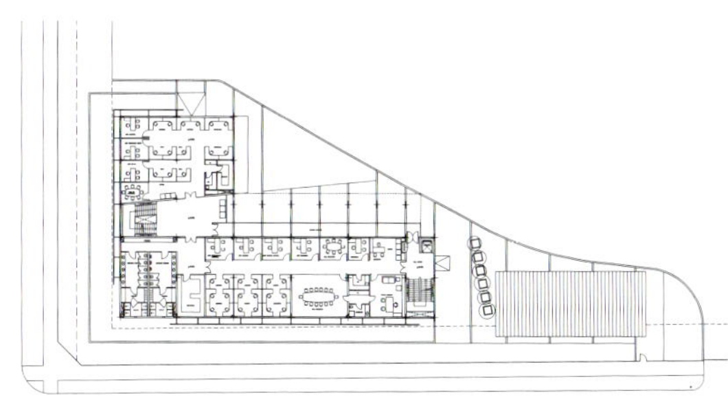

总平面图

© Cristián Barahona

© Guillermo Hevia H

© Cristián Barahona

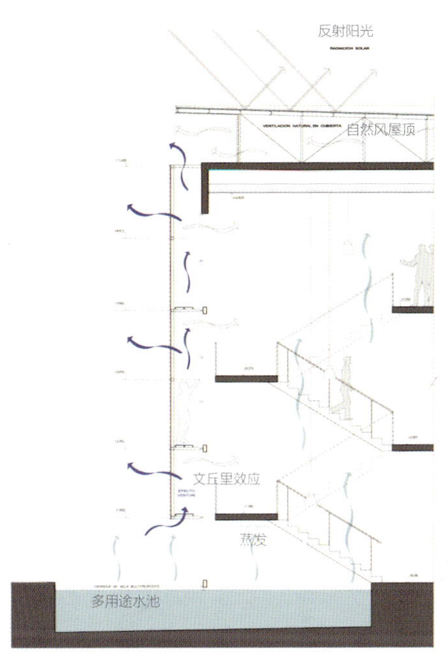

分析图

生物气候系统

被动通风和水资源利用：建筑采用吊顶，双层墙体，设计一个多用途水池，可作为消防用水，在炎热的季节还可以利用蒸发降温原理作为外墙的冷却系统。双层墙体由耐候钢板制成，包裹于建筑四周，给人一种非常前卫的形象。作为一个连续的表面构造，它可以防止太阳辐射。而且由于它独立于建筑之外，为大楼创造了一个垂直的文丘里效应通风系统，向周围的水池提供热空气，进而蒸发散热。这个金属的双层外墙由薄板和黑色玻璃两种不同的穿孔材料组成。耐候钢是一种在短时间内氧化，形成保护层，防止进一步被腐蚀的物质。它不需要进行维护。建筑师特别重视卫生间用水及日常用水。采用高科技设备和设计，包括自动防破坏水龙头，保证控制用水量，我们发出保护自然资源和节约开支的强烈信号。设计、材料和建筑物的形象对于员工、社会和国家都具有附加价值。

注释

文丘里效应：在受限流在通过缩小的过流断面时，流体出现流速或流量增大的现象，利用这种加快流体，形成“真空”区，从而对真空区周围的产生一定的吸附作用。

© Cristián Barahona

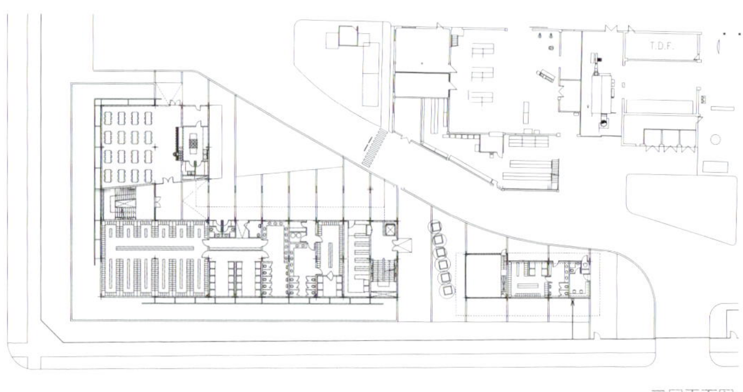

三层平面图

位于智利第六区格拉内罗工厂社区的新建筑采用了各种生物气候策略，与公司在 21 世纪节省开支降低能耗的政策相一致。这些策略中首选了可再生能源的利用与循环，包括自然通风系统、空调和内部空间清洁设备，采用自然控制照明，水利资源利用（卫生间用水等）。以便找到最佳的可持续方案，提高生活质量，节约利用能源并保护环境。建筑外形鲜活，颜色随着不同角度的阳光和不断变化的日照而不同，产生橙色、赭石色或者褐色。外立面与里面的混凝土墙和黑色的金属覆层形成了鲜明对比。格子和穿孔钢板的的设计，节奏打破了原本单调连续的墙面，可以在夜间强化建筑的视觉形象。

设计包括一个三层的建筑，每层功能不同：一楼为员工设施（洗手间，更衣室和食堂），二楼为管理区，三楼包括大厅和培训室。

© Cristián Barahona

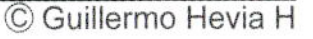

© Guillermo Hevia H

© Cristián Barahona

波兰拉卡湖节能住宅

CO_2 Saver House in Laka lake

项目概况

建筑设计： KUCZIA Dr. Peter Kuczia | Germany / Poland

位置： 波兰拉卡湖

场地面积： 2000 m^2

居住面积： 175 m^2

摄影： Tomek Pikula

获奖： 波兰绿色建筑委员会最佳建成可持续建筑竞赛一等奖
波兰建筑联合会西里西亚地区最佳建筑国际大赛一等奖
2009 年密斯 · 凡 · 德 · 罗大奖提名奖

这座简单的可持续住宅就像一条变色龙一样位于上西里西亚地区，与周围的拉卡湖景色融为一体。木质立面中装有色彩缤纷的木板，与景观相互呼应。就像生物一样，建筑外观对称，而内部的布局根据其功能设计，呈现出非对称排列的形式。该项目的设计定位于实现低廉的生命周期成本和减少建造成本的双重目标。项目的所有细节都十分简洁，同时又是经过设计师深思熟虑的成果。节约成本是波兰的一个建筑传统。项目应用了传统建筑技术并就地取材选取建材，同时应用可再生的建筑构件。本项目是德国联邦环境基金会（DBU）的支持项目。

纤维水泥板

纤维水泥板（fiber cement board）又称FC板，是以纤维和水泥为主要原材料生产的建筑用水泥平板，以其优越的性能被广泛应用于建筑行业的各个领域。根据添加纤维的不同分为温石棉纤维水泥板和无石棉纤维水泥板，根据成型加压的不同分为纤维水泥无压板和纤维水泥压力板。相对普通水泥板，纤维水泥板具有防火防潮、隔热隔音、质轻高强、寿命超长等优点。

住宅的可持续技术特征

建筑结构：

布局紧凑

优化外表面 / 空间设计，使朝向太阳的空间布局达到最优。

建筑材料：

选材自然，临近建设地点（运输距离短）

部分为再生或可再生材料。

传统木材覆层（落叶松）：

不经过化学处理

低能耗

易于修理 / 维护，易于拆卸和回收再利用。

被动天阳能系统：

用于被动太阳能控制的温室和“黑箱”

内部高热容量材料

温热地带

堆栈效应

主动太阳能系统：

太阳能加热器

光伏电池

高隔热性：

无热桥效应，防风设计

窗子框架的附加隔热设计

“绿色屋顶”大面积种植植物

内部用于自然气候调节的砂土墙

高热容量简易地板设计（混凝土抛光地坪）

带有能量回收的通风设备：

智能建筑控制系统

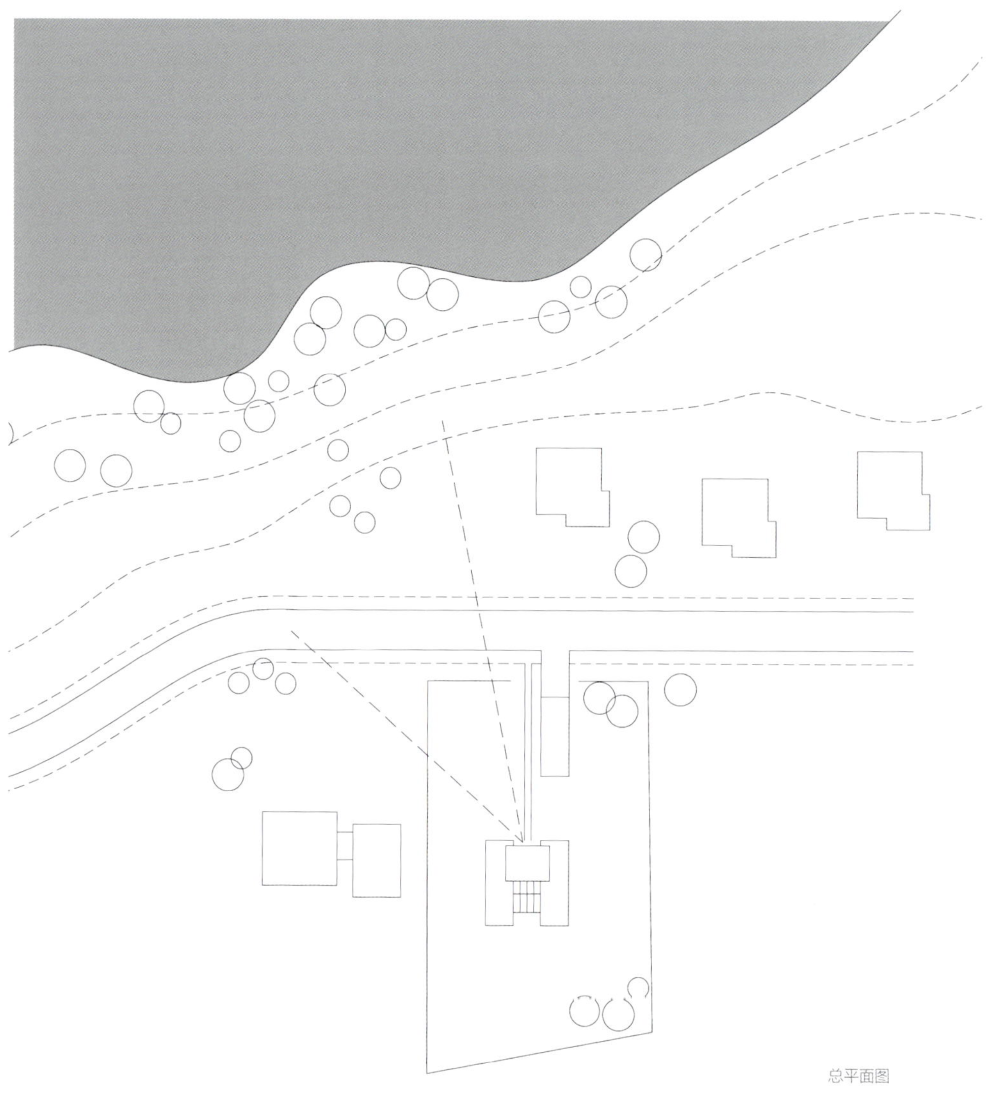

总平面图

可再生能源技术应用

房子的形式设计用于最大化地吸收太阳能。大约建筑 4/5 的外立面朝向太阳。在一楼的单层居住空间表面用未经装饰的落叶松木板覆盖。通过玻璃幕墙天井和墙体中的砂土来吸收太阳能。太阳能热能吸收设备置于屋顶，并规划未来应用光伏系统。这个“黑盒子”的黑色表面——用碳色纤维水泥板覆盖的三层楼结构——由阳光受热，并减少向周围环境的热量损失。一套通风设备和热量回收系统使建筑的主动和被动太阳概念得以更完美地实现。

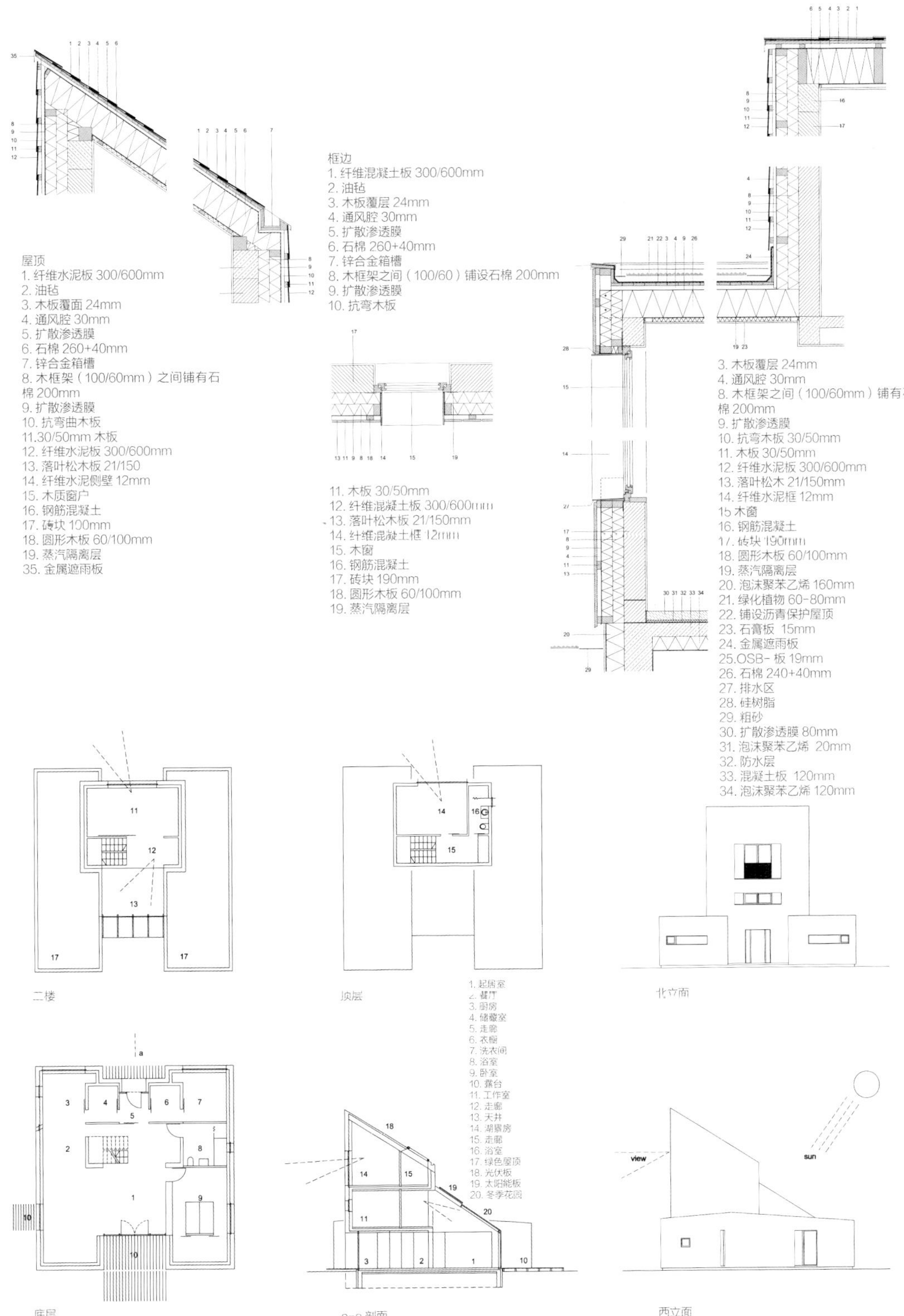

CO2-SAVER , POLAND
ARCHITECT: KUCZIA

德兰特斯住区
Bandeirantes Residential Area

项目概况

面积：2322576m^2

建筑设计：Oppenheim Architecture + Design

位置：巴西圣保罗

效果图：Luxigon

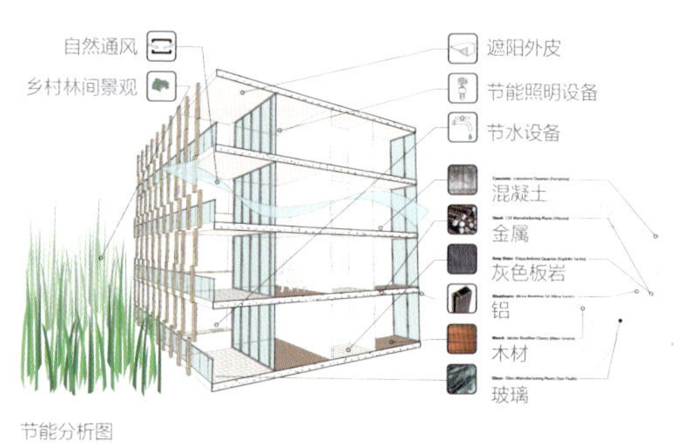

节能分析图

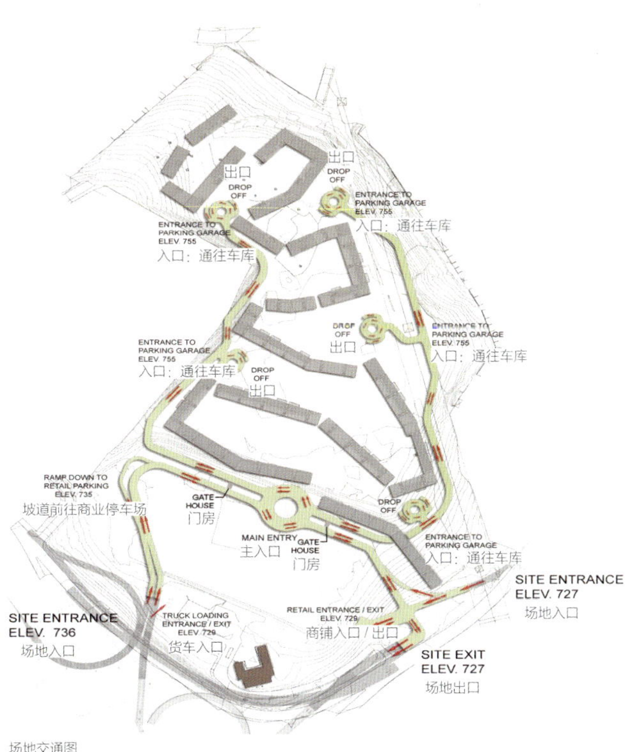

场地交通图

德兰特斯项目位于圣保罗市郊的山丘。该项目规模打破了坚实的平台和琉璃塔之间的明确分离，创造了一个具有屋顶覆盖和通风良好的空间。坚固的矮墙和玻璃幕墙大厦分割了外部空间，创造了荫凉掩映的良好通风空间，并在屋顶设置了休闲空间。住户停车设施都设在地下，为住区提供了充足的地面空间。地面停车场充满多彩的巴西植物，住区还有一条南北贯通的水道。建筑师没有选择将商业建筑置于第一层，将机械设施裸露放置于房顶的做法，所有的商业空间都围绕一个下沉中心庭院设在地下。城市和住区结合的设计将在这座世界大都会创造一处意想不到的经典住区。
设计全程采用了被动可持续设计。提高了项目的质量和价值，采用了灰水处理、所有单元交叉通风、100% 本土建材以及屋顶太阳能热水板。

阳光朝向

每座建筑都朝向太阳，不同大楼高低结合，使阳光同时能够照射到场地的景观设施。

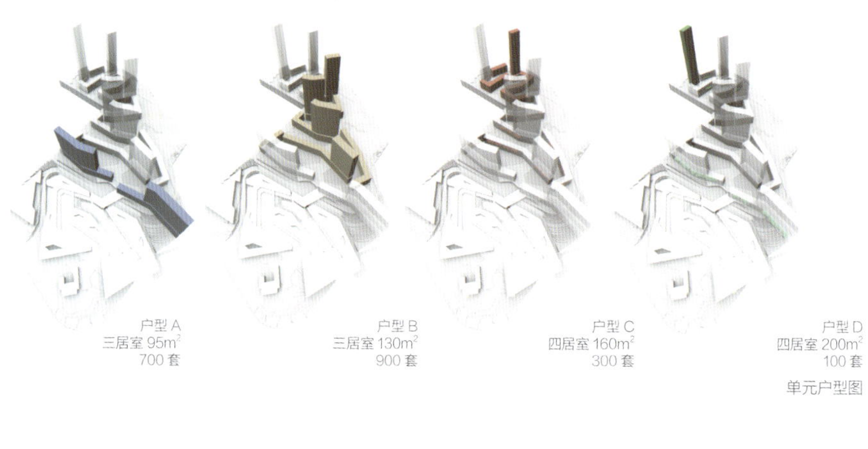

户型 A
三居室 95m²
700 套

户型 B
三居室 130m²
900 套

户型 C
四居室 160m²
300 套

户型 D
四居室 200m²
100 套

单元户型图

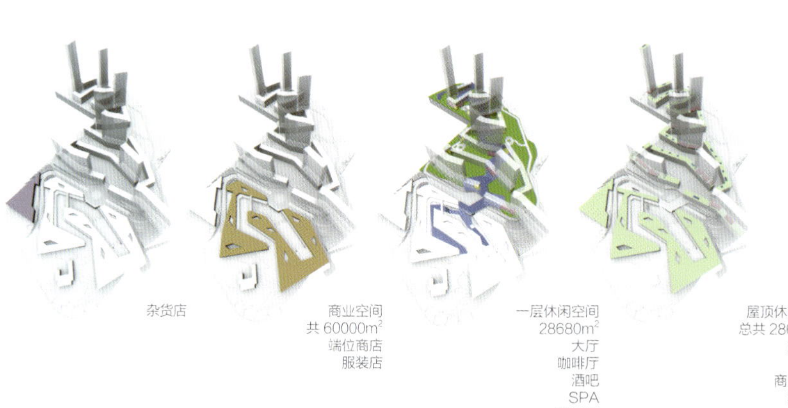

杂货店

商业空间
共 60000m²
端位商店
服装店

一层休闲空间
28680m²
大厅
咖啡厅
酒吧
SPA
健身房

屋顶休闲空间
总共 28690m²
放映室
水池
商业中心
宴会厅

场地设施分析图

太阳能热水板

大厦的屋顶将安装太阳能热水板，为用户提供热水，不消耗任何电力。面板将以特定角度设置于屋顶，并由矮墙遮挡，不会影响美观。

蒸发冷却

场地中蜿蜒的水道通过蒸发作用提供降温效果。蒸发降温是液体蒸发时产生的一种自然现象，在液体蒸发时使周围的空气降温。

雨水收集存储装置

降落到硬质路面以及屋顶的雨水将储存于场地水景之中。当气温升高时，这些自然水源可以补充地面蒸发。

森林保护

场地西北部和东部原有的森林将得到保护，改善周边自然环境，为住户提供新鲜空气。通过光合作用，植物将有害的二氧化碳转化为氧气。

自然通风

场地内建筑位置的设计最大限度地利于主风向南风通过，为整个园区带来清凉的自然风。矮而长的楼宇与高耸的大厦相结合，进一步加强交叉通风。

绿色屋顶

包含一至八层的裙楼将设置绿色屋顶，种植当地植物。绿色屋顶将有利于高效绝热，并大幅度减少雨水流

灰水处理设施

贯穿场地的水系将采用经过净化处理的住区灰水。项目提案的"生活系统"是一个自然清洁的循环系统，同时可为景观供水。

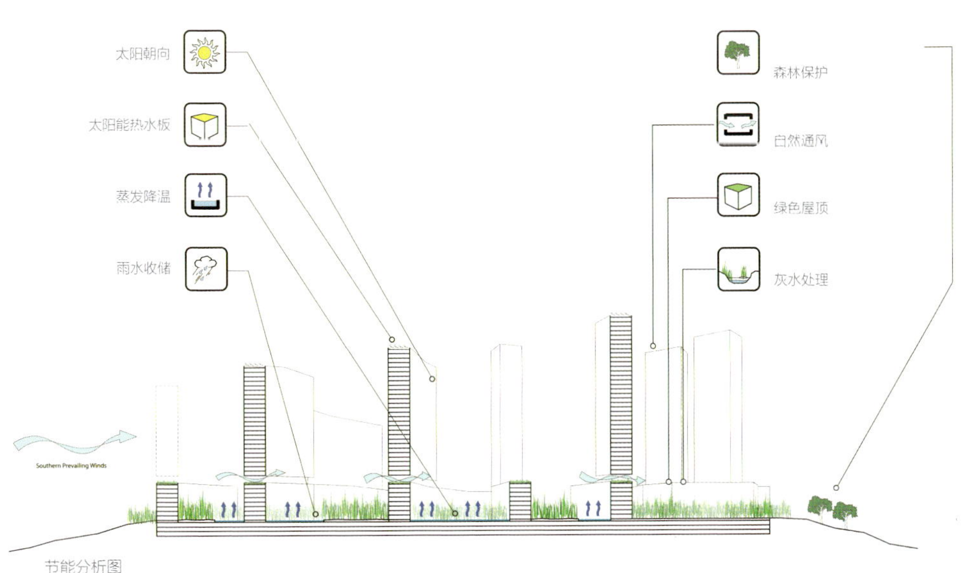

节能分析图

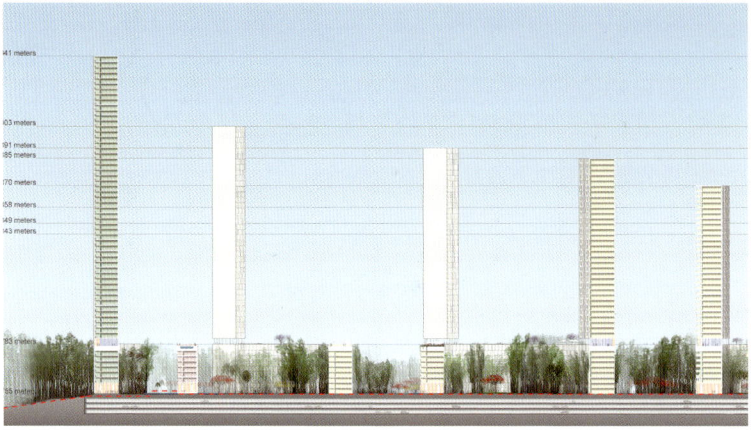

241 meters
203 meters
191 meters
185 meters
170 meters
158 meters
149 meters
143 meters
83 meters
55 meters

立面图

9 AM
12 PM
3 PM
SAO PAULO GMT-3 LAT-23.58 LONG-46.63
JUNE 21
SEPTEMBER 21
DECEMBER 21

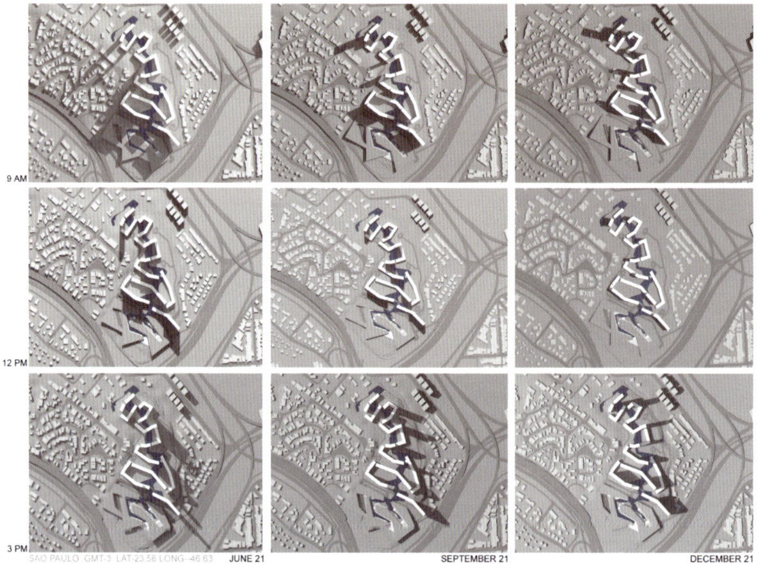

日照分析图

场地情况
SITE CONDITIONS

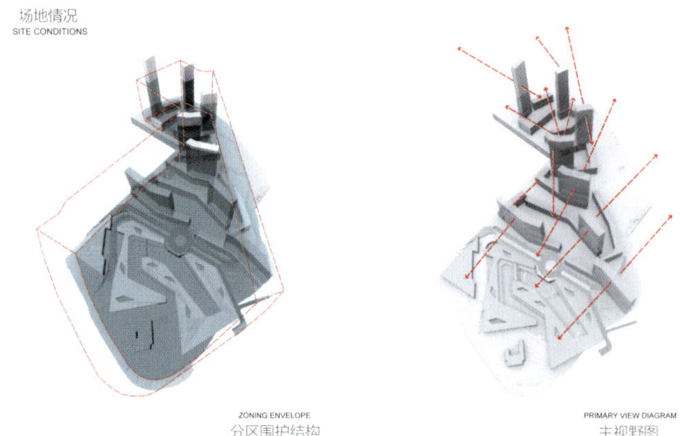

ZONING ENVELOPE
分区围护结构

PRIMARY VIEW DIAGRAM
主视野图

ALL AMENITIES DIAGRAM 设施图
GREEN ROOFS 绿色屋顶
GARDENS 花园
RIVER 河流
FITNESS 健身设施
LOBBY 大厅
PARTY ROOMS/SOCIAL HALLS 会议厅
SCREENINGS ROOMS 放映厅

太阳朝向
太阳能热水板
蒸发降温
雨水收储
森林保护
自然通风
绿色屋顶
灰水处理

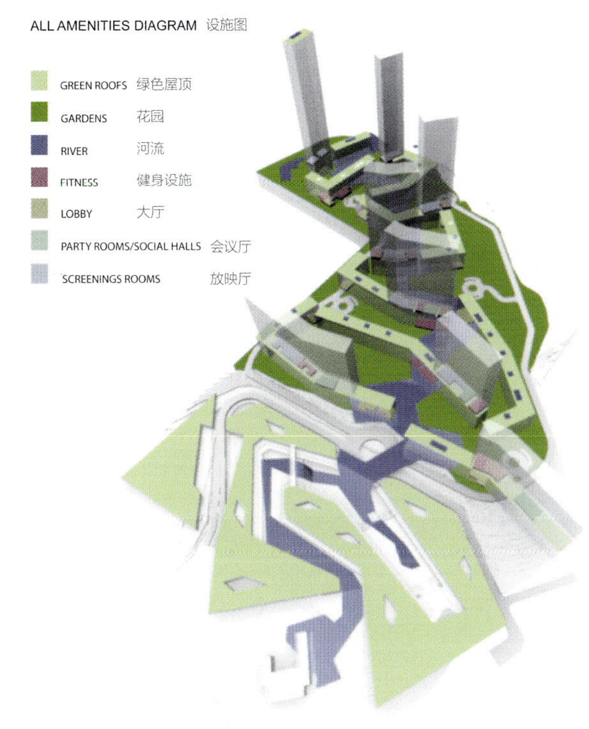

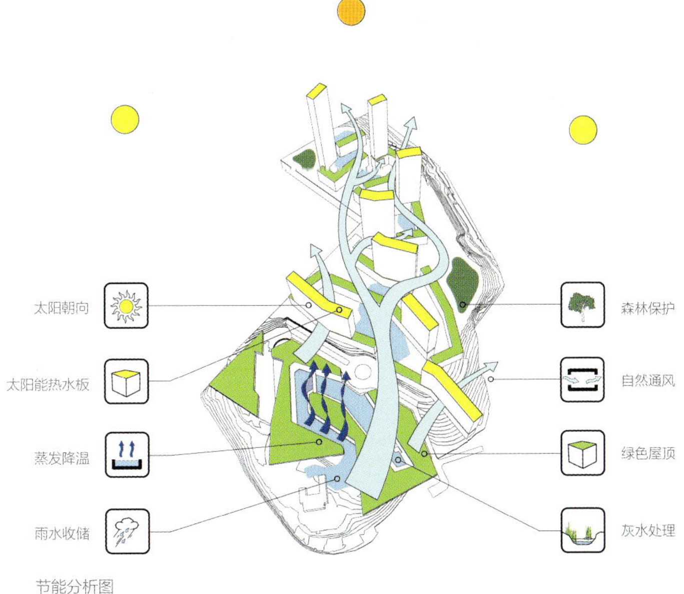

节能分析图

克莱姆斯多瑙大学
Donau University Krems

项目概况

项目地点：奥地利 克莱姆斯

建筑设计：Dietmar Feichtinger Architectes

建筑面积：16675 m^2

摄影： Margherita Spiluttini, Angelo Kaunat

克莱姆斯多瑙大学新校区的建设方案，包括一座新的应用科学楼、电影院及研究中心、礼堂、图书馆以及克莱姆大学既有建筑设施的扩建和改造工程。项目选址位于一座体积庞大的旧楼和葡萄园掩映的别墅群之间，如何将这些截然不同的景观有机结合成为一大挑战。Dietmar Feichtinger 建筑事务所提出了一个梳子状的结构，被评为最佳基础结构。在项目选址的高处，由三个平行、宽大的突出空间结合成一个整体，与周围低洼的地形形成对比，其内部庭院提供空间开敞通透，设有独立的教学楼。

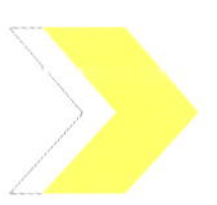

楼宇主动冷却系统

在天花板下铺设有输水管，热交换器和地热集热器为整座大楼提供宜人的气温条件。在大部分房间，天花板都没有遮挡，旨在将混凝土板作为大容量储热器。室外设备铺装的混凝土表面只经过了封装处理。

集成在混凝土板中的水管中，输送了在屋顶通过骨料冷却的水。除了个别开敞研究室安装了附加空调设备之外，这一空调系统即使气温最高的夏季也可高效运行。在冬季，建筑采用区域供热系统。

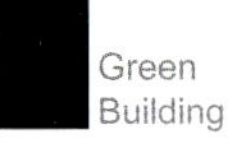

总平面图

A：报告厅

B：多瑙河大学的延伸（一楼为餐厅）

C：多瑙河大学的延伸—图书馆

D：多瑙河大学的延伸

E：电影院和展览馆

F：奥地利电影中心

G：国际管理中心（IMC）

H：大学现有建筑

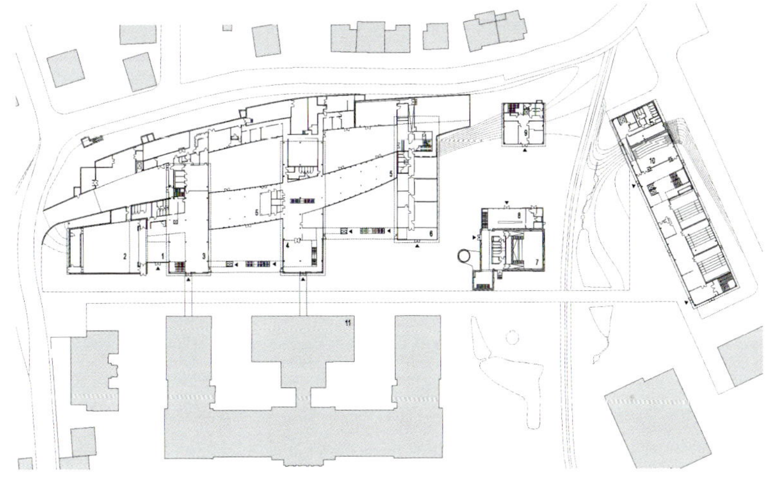

1：大堂礼堂
2：大礼堂
3：自助餐厅
4：图书馆门厅
5：图书馆徒手区
6：会议厅门厅
7：影院
8：电影吧，馆店
9：奥地利电影中心
10：IMC 会议室
11：大学现有建筑

排风窗通风系统

教学楼中所有房间的每个百叶窗都可以作 220° 旋转，并在夜间自动关闭。通过调节百叶窗，室内微气候宜人，采光条件良好。每个办公室可以自主决定外部遮阳板的透明度。铝合金型材的双叶片垂直条板，可调整角度，白天正对太阳，夜间旋转 90° 面对外墙，以便保持夜间室内的凉爽。

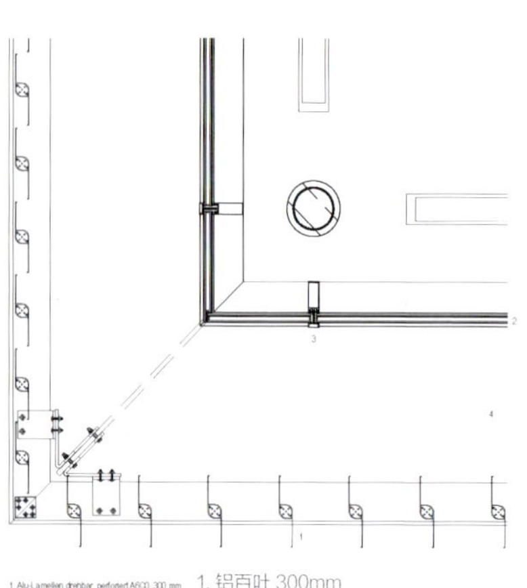

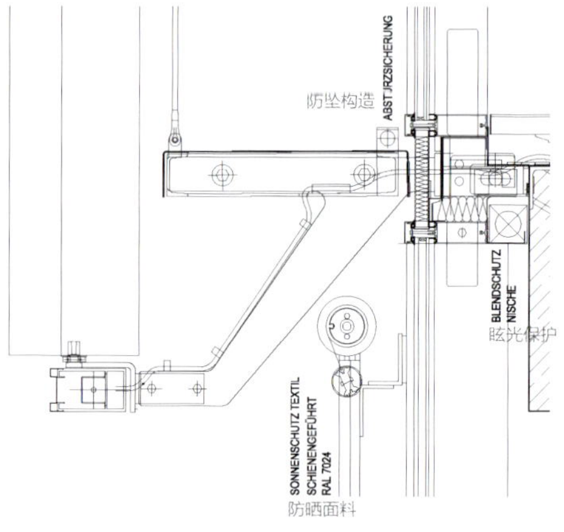

1 Alu-Lamellen drehbar, perforiert A600 300 mm
2 Float
VSG (2xESG)
3 Alu-Fassadenprofile RAL 7024
4 Riffelblech RAL 7024 G30

1. 铝百叶 300mm
2. 平板夹层玻璃
3. 铝合金立面
4. 花纹铝板，颜色 RAL7024

细部构造图

JUST

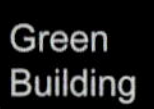

NAVITAS 工程学院及科技园区

NAVITAS Engineer School and Science Park

项目概况

委托方： 奥尔胡斯工程学院，奥尔胡斯航运科技工程学校，Incuba 科技园，奥尔胡斯政府

建筑面积： 35000 m^2

项目位置： 丹麦 奥尔胡斯港

建筑设计： C. F. Mϕller 建筑事务所

手绘图

Navitas 园区项目方案包括奥尔胡斯工程学院，奥尔胡斯海洋技术学院以及一个能源及可持续行业的工业园。设计方案充分利用了其位于奥尔胡斯海港的先要地理位置。坡形屋顶是概念方案的核心元素。屋顶的不同单元赋予新建筑独特的个性。屋顶本身就是一处景观，结合了庭院、露台、和教学科研用测试区，将创造一个富于活力的大楼。露台可以享受海港和水滨的景色。同时，建设的目标是与已有城市天际线保持和谐，制造最小的投影，保证邻近的建筑可以分享海滨景色。

可再生能源技术应用

目标是将 Navitas 园区打造成一个在可持续能源及技术方面国际领先的基地，新楼定位于获得低能耗评级一级，采用高性能隔热技术，太阳能电池以及利用水温温差的水源热泵、海水冷却系统。大楼的电力系统引入了绿色电力。绿色电力用对环境危害很小的能源发电。地球的可再生能源不会枯竭，而且较之其他发电过程而言，更为绿色环保。太阳能光电系统通过利用半导体技术直接将太阳光转化为电能，即使是阴雨天气也可实现。它们将热能集成于大楼。特殊设计的存储器中的水可以利用太阳能进行直接加热。即使在冬天，屋顶集热器也可以为用户提供大量热水。此外大楼还采用了利用热电联产余热进行集中供热的设计。在设计中，还利用了被动太阳能措施。高效遮光剂抵御紫外线，同时保证室内空间充足的阳光。大楼还装置了平衡通风系统、主动热工混凝土板和节能围护结构。

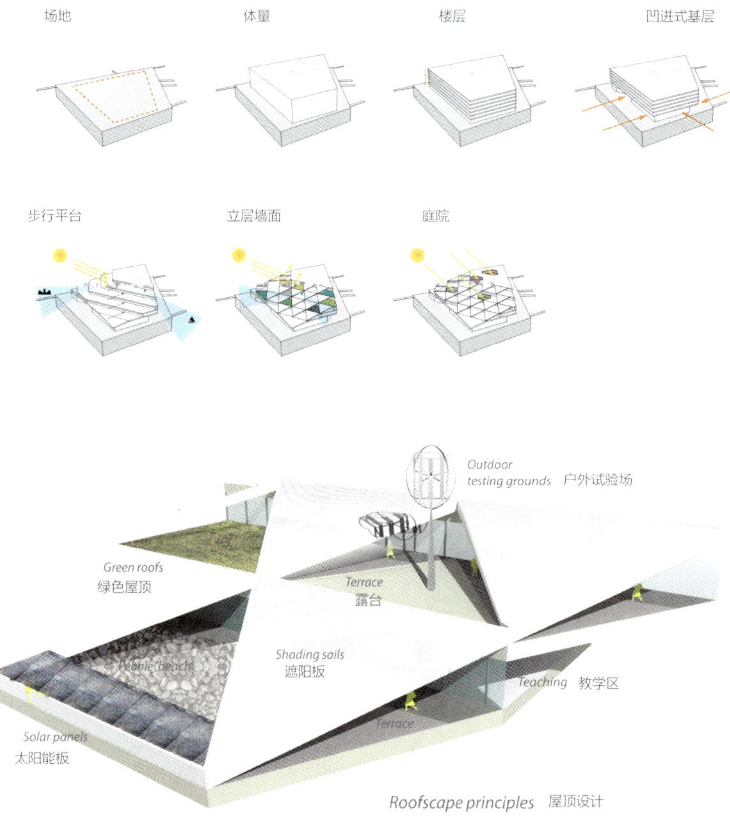

Roofscape principles 屋顶设计

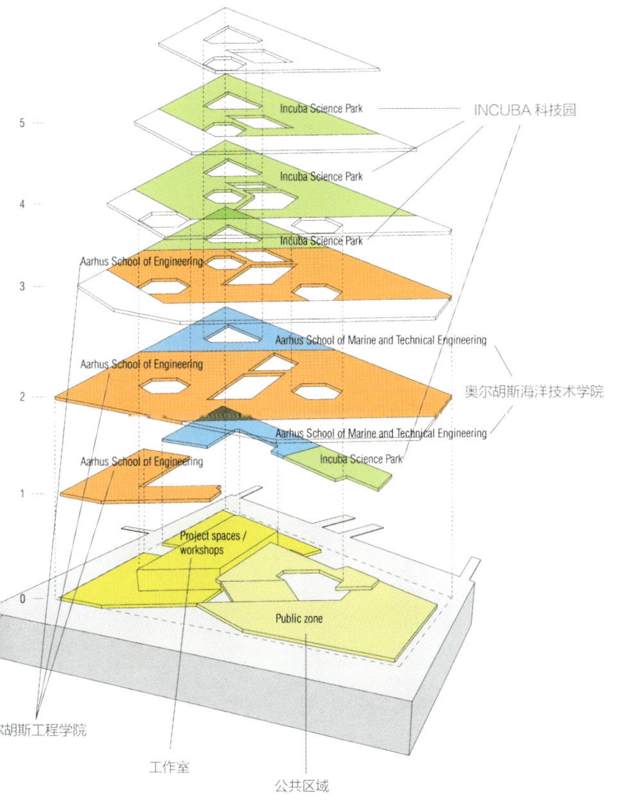

功能分区图

海水冷却系统 Seawater Cooling system

利用深海冷水来为建筑降温，从而大大降低空调、制冷设备的能源消耗。海水水温随深度增加而降低，首先，海水供应系统用管道将冷水引入建筑，并将加热过的废水排回海中。管道利用耐海水腐蚀的材料制成。热交换器将海水送入一个封闭的水处理系统。一般冷冻水的低温可直接满足制冷设备的需要，经过冷冻水配送网，将水输入冷却系统。有时温度不达标，可以设置辅助制冷设备，使海水降温。

海水源热泵空调系统主要有海水循环管路系统、水环热泵系统和室内空调管路系统三部分。夏季将建筑物种的热量转移到海水中，利用海水温度低于空气温度的特性，有效带走热量，冬季从海水中提取低位热能，利用热泵原理通过温度提升后的空气或水送到建筑物中，为室内供热。

海水利用过程中需要防止海水对设备的腐蚀，选择合适的防腐材料，对管道进行涂层保护、利用金属化学腐蚀原理，对金属设备进行外加阴极保护。同时针对海洋附着生物设置过滤装置，并投放一定的药物等。

立面图

总平面图

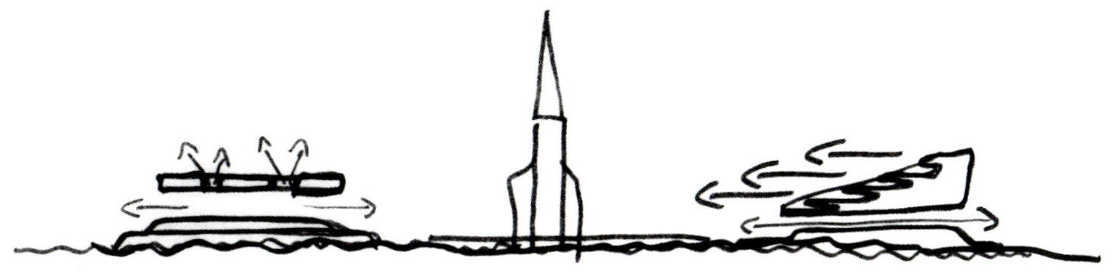

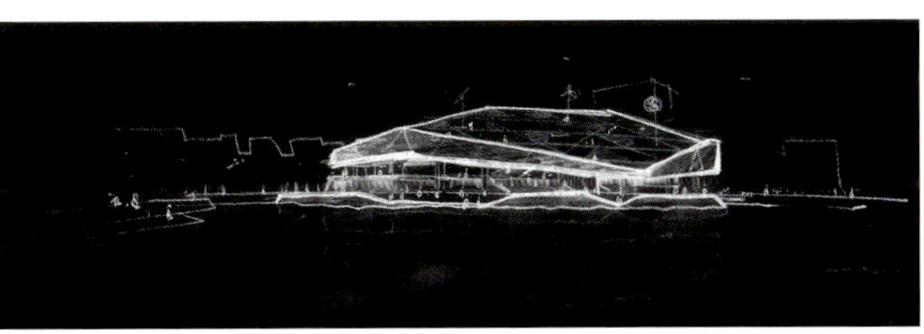

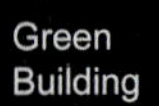

A. P. Mφller 学校
A.P.Mφller School

© Poul Ib Henrikesn

项目概况

建筑设计： Arkitektfirmaet C. F. Mφller (C. F. Mφller Architects)
项目位置： 德国 石勒苏益格
建筑面积： 15000 m^2
获奖： 2010 年英国皇家建筑师协会 RIBA 大奖
2010 年国际砖砌工程大厦优胜奖
2009 年 BDA Gro β e Nike 建筑奖入围奖
摄影： Julian Weyer
Michael Osten
Poul Ib Henriksen

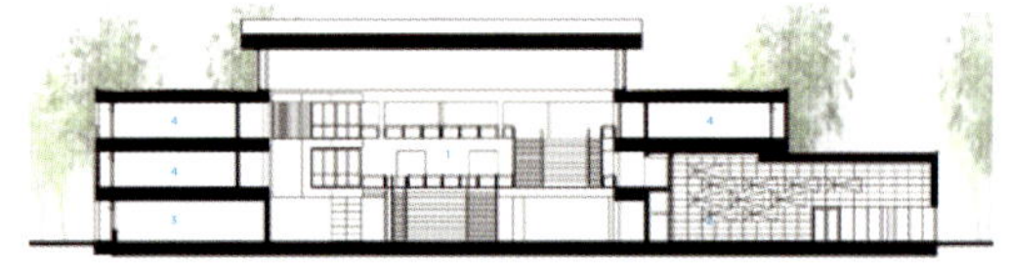

剖面图

© Julian Weyer

© Poul Ib Henrikesn

A. P. Mφller 学校位于德国石风景如画的勒苏益格，建筑源自简洁坚固的设计理念。学校为一所高中。大楼结构围绕两个大型的中央空间展开，一个是公共区域，包括了分布于三层楼的餐厅、接待大厅、知识中心，另一个区域包括一个大型运动场以及配有三个舞台的多动能厅。一个巨大的斜屋顶将两个区域融为一体，由石材与黄砖建成。学校的地理位置和设计理念与勒苏益格和斯雷福德老城景色呼应，建筑师希望将其建成一座永恒的建筑。

堆栈效应

在热压驱动下进行的通风称为热压通风，也称烟囱效应。最常见的烟囱效应是火炉、锅炉运作时，产生的热空气随著烟囱向上升，在烟囱的顶部离开。因为烟囱中的热空气散溢而造成的气流 (Draft)，将户外的空气抽入填补，令火炉的火更猛烈。

烟囱效应亦可以是逆向的。当户内的温度较户外为低(例如夏天使用空调时)，气流可以在烟囱内向下流动，将户外空气从烟囱抽入室内。

烟囱效应的强度与烟囱的高度、户内及户外温度差距以及户内外空气流通的程度有关。

© Poul Ib Henrikesn

© Julian Weyer

© Julian Weyer

© Julian Weyer

© Julian Weyer

© Julian Weyer

© Michael Van Osten

© Julian Weyer

© Julian Weyer

© Michael Van Osten

© Poul Ib Henrikesn

© Julian Weyer

© Michael Van Osten

© Poul Ib Henrikesn

© Julian Weyer

可再生能源技术的利用

考虑到环境条件对于学习效果的影响，建筑师在通风和照明设计方面进行了革新，改善了学校的环境。装配了混合通风系统的自然通风应用于所有教室、实验室、员工办公室和礼堂。建筑利用挑高的中庭，以其为中心周围设置教室，创造堆栈效应的环境，以及交叉通风，最大程度上利用了自然风的动力原理以及热动力。通风系统与余热回收设备相结合，建筑维护成本节省了 30%。大楼使用防辐射百叶窗，将阳光直射最小化，同时为建筑引入自然光。建筑师利用了主动太阳能利用技术及被动太阳能技术，将光伏电池和太阳能加热设备集成于大楼。还利用太阳能进行供热 / 制冷。低能耗 Low-E 窗应用于建筑，保证大楼良好的绝热性能。保护建筑在夏季不会过度受热，冬季不会过度降温。设计师采用了节能设计和理念，包括预制构件，健康楼宇设计，建筑内部多功能性，并试图将噪音降低到最小程度。

© Michael Van Osten

© Poul Ib Henrikesn

场地平面图

© Julian Weyer

© Poul Ib Henrikesn

© Poul Ib Henrikesn

“3E” 弗罗茨瓦夫科技大学环境工程学院教研综合楼
"3E"—Research and Educational Complex of the Faculty of Environmental Engnieering Technical University

项目概况

建筑设计：KUCZIA Peter Kuczia, architect / PhD

效果图：Alek Pluta

项目位置： 波兰 弗罗茨瓦夫

场地面积：8000 m²

建筑面积：4400 m²

完工时间：2013 年

获奖：波兰绿色建筑委员 2011 年最佳可持续概念比赛一等奖

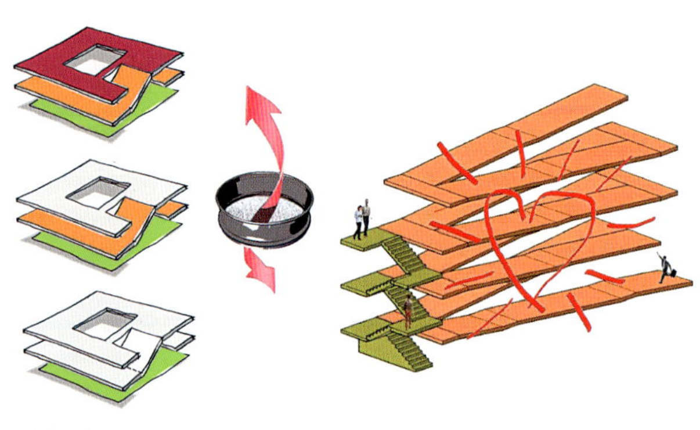

流线示意图

环境工程学院 3E（能源、经济、教育）研究及教学综合楼将成为波兰弗罗茨瓦夫科技大学校园中最先进的可持续建筑。综合楼的主建筑是一座零能耗教学楼，设有礼堂、研究室和实验室。此外，大楼将成为一个永久的展览空间，展示多种现代绿色技术、设备和材料。它也将成为一种研究建筑节能和可再生能源应用的现场教学实验室。它是一座源于能源和生态需要的建筑。这座高性能建筑的形式设计为最大程度利用太阳能，并在寒冷季节减少热量损失，在夏季避免过度受热。所有的建筑材料都必须环保，大部分为可重用和对人体健康绝对安全的材料。这些建筑的能量收集自太阳、土地和水。建筑系统将得到长期持续监控。智能建筑管理系统（IBMS）使得对能量获取、累积和利用的过程进行管理、监控和成像成为可能。自动调节的数字系统（BEMS 建筑能源管理系统）通过选择性利用可使用的能源和被动能源系统，确保建筑达到做好的节能效果。

系统保证建筑在夏季不会过度受热，在冬季不至过度降温。它对能源生产、储存进行最优规划，保存最佳能源供给参数，并选择在当时当地特定条件下最廉价的能源。

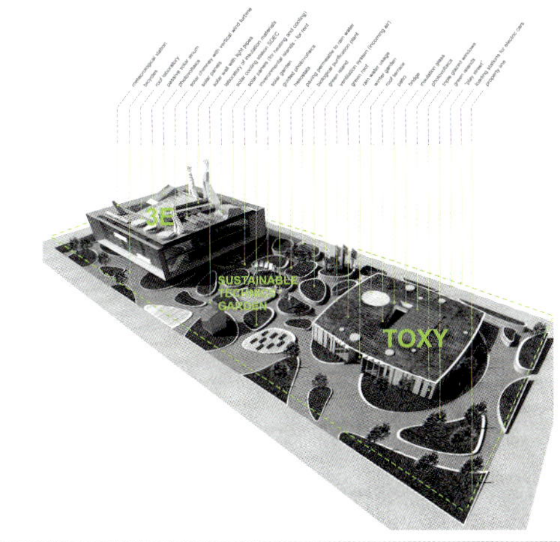

1. 气象站
2. 自行车
3. 屋顶实验室
4. 被动式阳光中庭
5. 光伏板
6. 太阳能烟囱及风管
7. 太阳能板
8. 带有光导管的太阳能墙
9. 隔热材料制成的实验室
10.SDEC 太能冷却站
12. 太能板（冷却及加热）
13. 植物岛
14. 太阳能花园
15. 有导向装置的光伏板
16. 日光反射装置
17. 雨水渗透铺装
18. 生物净化功能的植物
19. 绿岛
20. 通风系统（进风）
21. 绿色屋顶
22. 冬季花园
23. 天台
24. 天井
25. 桥
26. 雨水存储装置
27. 光电板
28. 三层玻璃窗
29. 绿岛
30. 游艺街
31. 电动车充电站
32. 边界线

在建筑表面安装的可移动遮光系统由光伏电池覆盖。太阳能烟囱中的空气对流支持的风管也可以发电。安装在屋顶和墙面的太能收集器为建筑的供暖、饮用热水和空气冷却提供能量。相比储能复合材料制成的储存能量的导管（PCM）实现了白天储能晚上使用。

用以进行加热和冷却的能量存储于地下、水中或冻成冰。中庭空间的遮光系统保证室内不至过度受热。双层屋顶系统将屋顶变为一个空气热量收集器，支持 SDEC 中心进行制冷。通风和空气调节混合系统将空调和通风设备的能耗降到最低。空气吸热上升，进入屋顶的中央排气导管并直接通向一个太阳能烟囱。热泵使得冬季从地下获得热能，在夏季获得自然冷却的能量（自由冷却）。内墙、天花板和地板都经热激活。建筑的外表皮具有很高的隔热性（外墙传热系数约为屋顶覆盖屋顶绿化，收集雨水用于卫生间冲水，3F 综合楼的建成是通过建筑师及大学环境工程学院科学家的协作努力完成的。作为教学楼，它们将成为国内领先的传播节能和生态建筑理念的样板工程。

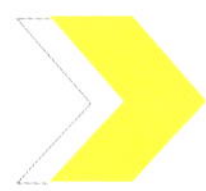

智慧建筑管理（IBM）

智慧建筑管理 Intelligent Building Management(IBM) 是指提供综合的解决方案，包括能源管理，设施管理，空间管理，运营服务等，以现有的实时检测感知几乎所有能看见物体的确切状况，把人、楼宇、园区和城市等以一种全新的方式互联起来，所有收集到的信息都可以用作分析历史情况和预测未来趋势，并指挥作出最优的决策，使楼宇在财务、环境和运维等方面获得最大化收益。

立面图

通风分析图

实验室 15
Laboratoria I15
Mag./rez.
PV
光伏板
Pom.socj.
Kącik relaks.
休息区
Techn.
Toalety
高科技卫生间
Foyer 大厅
Laboratorium WiK
实验室 WIK
Atrium (pustka) 中庭
Laboratorium OiC
实验室 OIC
Sala konf. 1
大厅
学生实验室
Laboratoria młodzi
Laboratorium IS
实验室 IS

Serwery
服务器
Kącik relaks
Toalety
卫生间
Toalety prac.
Kiosk / Barek
休息亭
Sala komp.2
比赛厅
Szatnia
衣帽间
Zapl. pracown.
员工食堂
Sala komp.2
比赛厅
Pom. pracown.
员工使用
Forum
大厅
Kącik dyskus.
Sala konf. 2
大厅
Sala konf. 1
大厅
Laboratorium
实验室
学生实验室
Laboratoria studenci

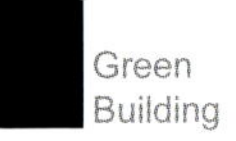

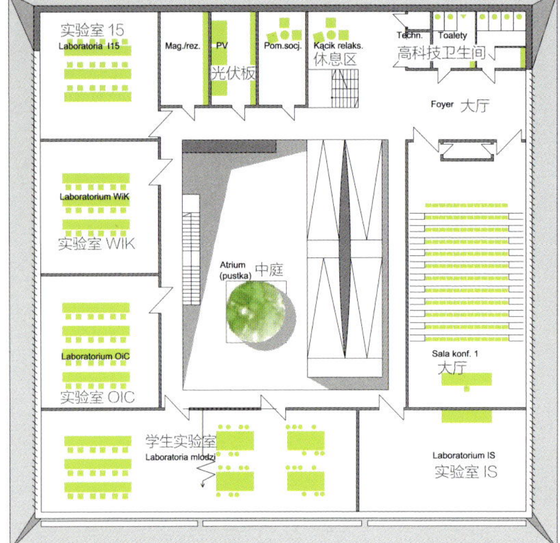

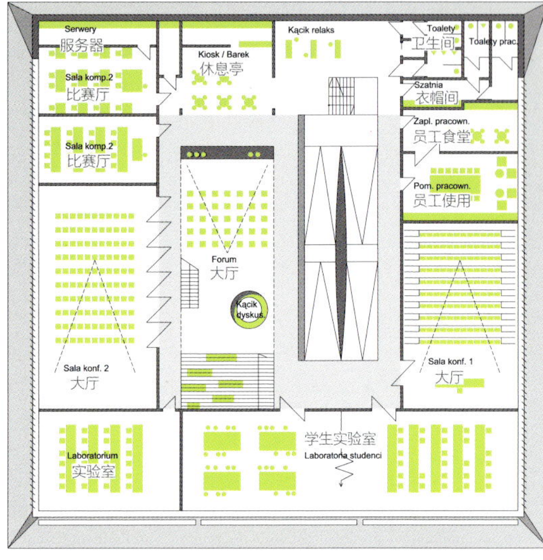

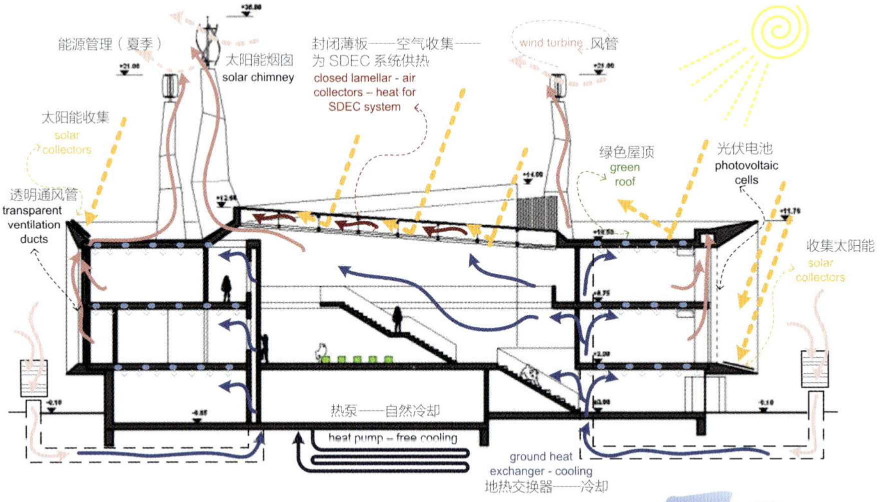

能源管理（夏季）
太阳能烟囱
solar chimney
封闭薄板——空气收集——
为 SDEC 系统供热
closed lamellar - air
collectors – heat for
SDEC system
wind turbine 风管
太阳能收集
solar
collectors
透明通风管
transparent
ventilation
ducts
绿色屋顶
green
roof
光伏电池
photovoltaic
cells
收集太阳能
solar
collectors
热泵——自然冷却
heat pump – free cooling
ground heat
exchanger - cooling
地热交换器——冷却

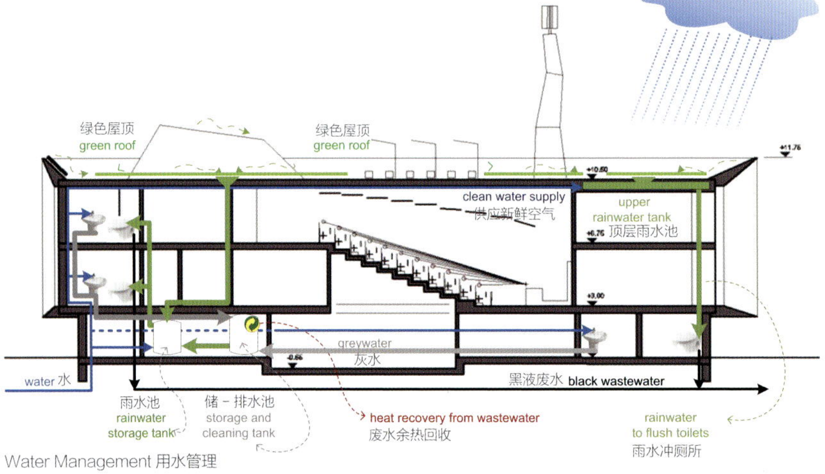

绿色屋顶
green roof
绿色屋顶
green roof
clean water supply
供应新鲜空气
upper
rainwater tank
顶层雨水池
greywater
灰水
water 水
黑液废水 black wastewater
雨水池
rainwater
storage tank
储－排水池
storage and
cleaning tank
heat recovery from wastewater
废水余热回收
rainwater
to flush toilets
雨水冲厕所

Water Management 用水管理

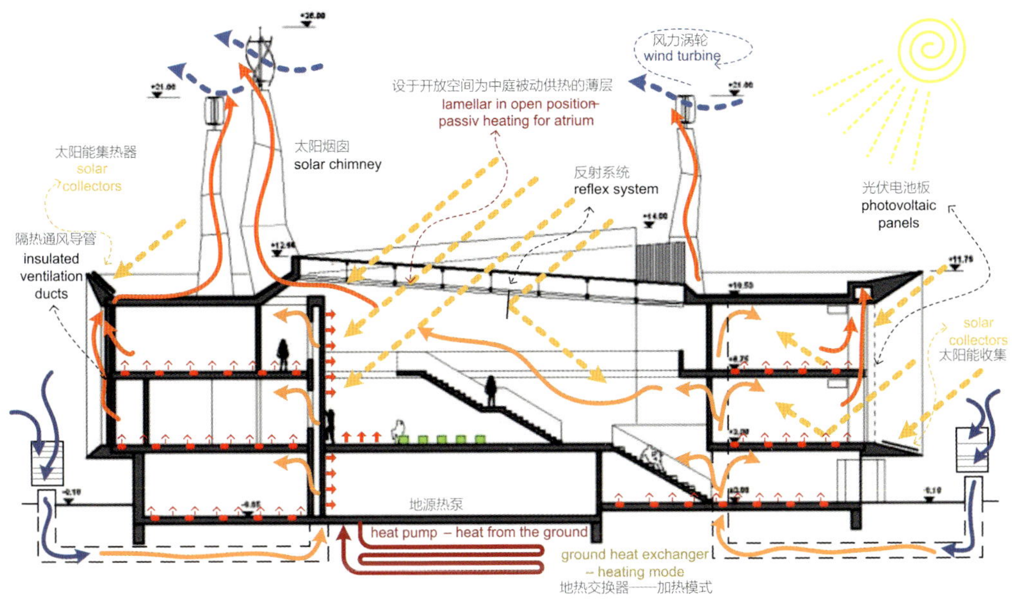

Energy Management(Winter)
能源管理（冬季）

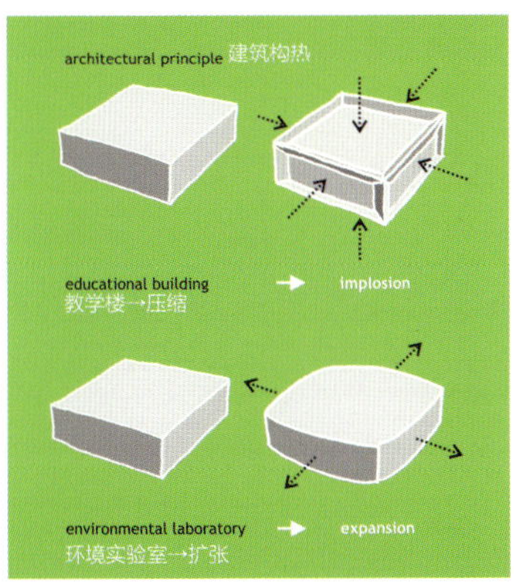

智能建筑能源管理系统（EMS）

智能建筑能源管理系统（Energy Management System for Intelligent Building）主要是基于自动化控制系统基础上一套计算机智能化的管理软件平台。该系统通过对建筑物内各类能耗参数的收集、分析，运用科学算法发出合理的操控指令，通过建筑设备管理系统（BAS 系统）来实现。BAS 系统可以根据预先编排的时间程序对电力、照明、空调等设备进行最优化的管理，从而达到节能的目的。在工程中，通常采用如下节能措施：

1. 定时法：根据大楼工作作息时间按时启停控制设备，如风机、照明等。
2. 温度—时间延滞法：根据大楼内温度保持的延滞时间，提前关闭空调主机或锅炉达到节能之目的。
3. 调节供水温度：根据室内外实际温度调节空调系统的供水温度，设定合适的供水温度减少系统主机的过度运行，实现节能。
4. 经济运行法：在室外温度达到 13℃时，可直接将室外新风作为回风；在室外温度达到 24℃时，可直接将室外新风送入室内。在这样的情况下，系统可节约对送回风系统进行处理的能源。
5. 设备等寿命运行：对楼内冷热源主机、泵机、风机等设备进行等时间交替运行，延长设备的运行寿命，节省维护费用。

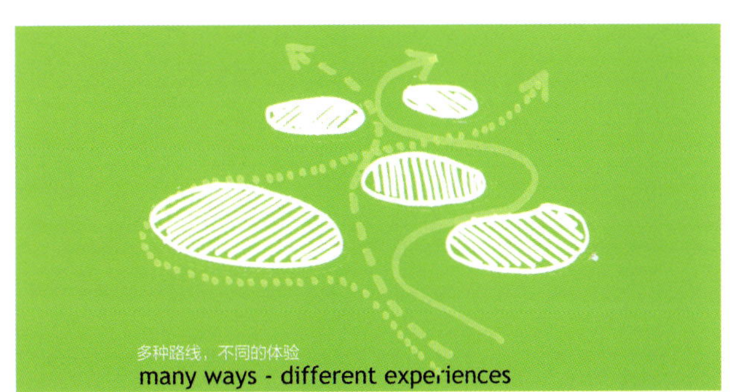

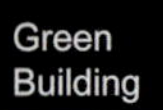

亚利桑那大学学生活动中心扩建工程

University of Arizona Student Recreation Center Expansion

© Bill Timmerman

项目概况

项目位置：美国亚利桑那州 图森

建成年代：2010 年

面积：5016.76m²

建筑设计及室内设计：SASAKI

获奖：2011 年国际学院联合会设施设计奖
2011 年美国国际娱乐体育协会杰出运动设施奖
2011 年美国钢结构创意奖国家荣誉认证
2010 年 LEED 铂金评级
2010 年城市比马联盟校园设计入围奖
2010 美国建筑师学会奥伦奇地区优秀奖
2010 年美国亚利桑那钢结构联合会杰出钢结构工程奖

摄影：Bill Timmerman

© Bill Timmerman

Sasaki 建筑事务所负责位于图森市的亚利桑那大学学生活动中心扩建项目。建筑醒目地矗立于周边的沙漠景观之中。面积为 5016.76m^2 的扩建项目将原有的核心健身房面积扩大了一倍，并且改善了场地条件，使中心原本单一的功能多样化。建筑的结构表达了学生增强体质、加强合作及可持续发展的理念——设计师正是从这些学生身上得到了设计灵感与启发。

© Bill Timmerman

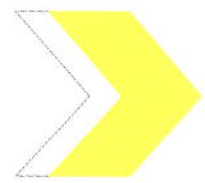

雨水收集系统

就是将雨水根据需求进行收集后，并经过对收集的雨水进行处理后达到符合设计使用标准的系统。目前多数由过滤系统、蓄水系统、净化系统组成。

© Bill Timmerman

© Bill Timmerman

可再生能源技术应用

自从 2010 年投入使用以来，使用率增加了 91%，日常健身设施使用率提高了 150%。建筑获得了 LEED 铂金级认证——这是到目前为止第一所学校活动中心获此认证。扩建项目包括一个康复中心，一个主楼，以及一个多用途体育馆。设计最初定位于获得 LEED 银级认证，设计过程说明了在位于沙漠的环境之中，使校园获得可持续性的决心。项目成为在图森地区平衡通透性与不透光性的典型案例，还应用了水收集系统和雨水管理技术，包括生物调节沟，排球场用作浸滤床，并捕捉空调凝露用于灌溉。

设计创造了一些户外庭院，可以用作攀岩、沙滩排球和户外健身区。建筑视野良好，99% 空间都利用了自然采光，并且通过附加通风设施大大提高了室内空气质量。健身房两侧高度不同，这样就将扩建部分与所有的主要活动室连接起来。面向南的玻璃幕墙装有深悬臂遮阳设备，健身房的天窗可以获得自然光，同时为室内遮阳。Sasaki 精心选择了室内装饰材料，以消除或减少室内的有毒物质。出于对浸透亚利桑那大学学生的热爱以及对可持续设计的执着，设计师将活动中心设计成能够满足未来学生需要的有助于身心及环境发展的场所。

© Bill Timmerman

© Bill Timmerman

© Bill Timmerman

雨水收集系统根据雨水源不同，可粗略分为两类

1. 屋顶雨水。屋顶雨水相对干净，杂质、泥沙及其他污染物少，可通过弃流和简单过滤后，直接排入蓄水系统，进行处理后使用。

2. 地面雨水。地面的雨水杂质多，污染物源复杂。在弃流和粗略过滤后，还必须进行沉淀才能排入蓄水系统。

© Bill Timmerman

© Bill Timmerman

© Bill Timmerman

© Bill Timmerman

亚利桑那体育馆
ARIZONA STADIUM
6TH STREET 第六大街
学生活动中心扩建工程
S.R.E. EXPANSION
STUDENT RECREATION CENTER
学生活动中心
7TH STREET 第七大街
HIGHLAND
高原街
藤蔓街
VINE
CHERRY
樱桃街

总平面图

Fitness
Outdoor Adventures
M.A.C. Gymnasium
EXISTING FACILITY 现有设施
CONNECTION 连接部分
EXPANSION - INDOOR 室内扩建部分
University of Arizona
First Level Plan
STUDENT RECREATION CENTER EXPANSION

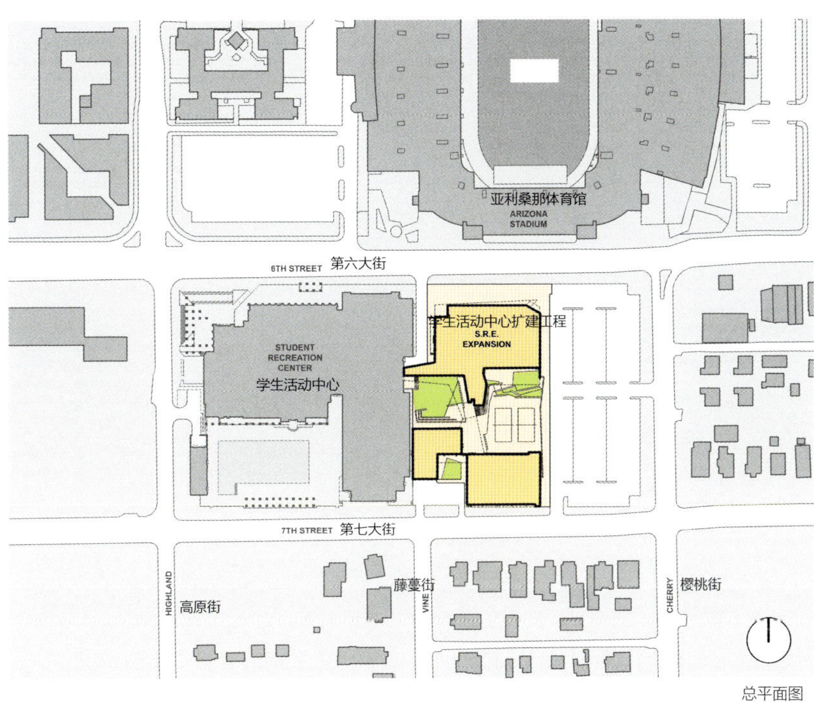

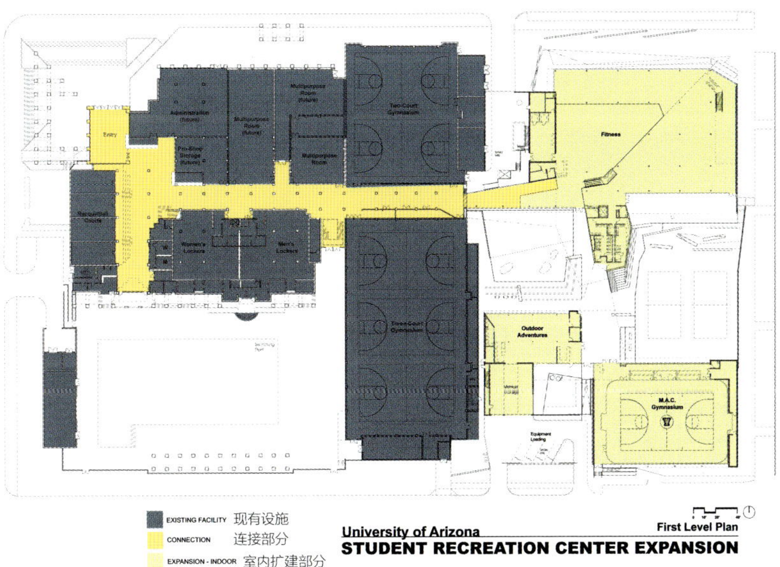

一层平面图

未来教室

Classroom of the Future

项目概况

建筑设计：梦幻建筑实验室 [LAVA]

项目位置：澳大利亚

时间：2011 年

状态：竞标获胜

面积：每间教室 60~180 m^2

摄影：LAVA

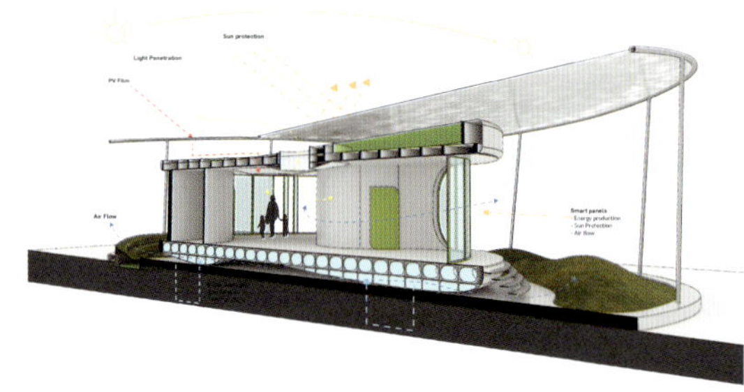

未来教室利用当今技术创新，在知识和社会交流之间创造了一个连接的学习空间。具有未来感的设计将教室分为可不断改变的活动单元，可持续设计使其性能超群。措施包括预制构件、材料选择、对称连续几何外形，以及便于运输的轻质小型模制构件。

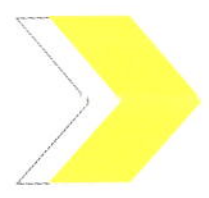

模制构件

小型轻质模制构件易于运输，每个方向的模制外墙系统都经过特别设计，可以进行手动操控并为采光和遮阳提供最大的便利。创造出闭合空间或开敞空间，将室内外连成一体。自然构型的模制外墙为今后的教室提供了框架。轻型结构将中央空间分离开，这使得一间大教室可以分成三个更小的学习空间，他们全部与景观和环境相结合。

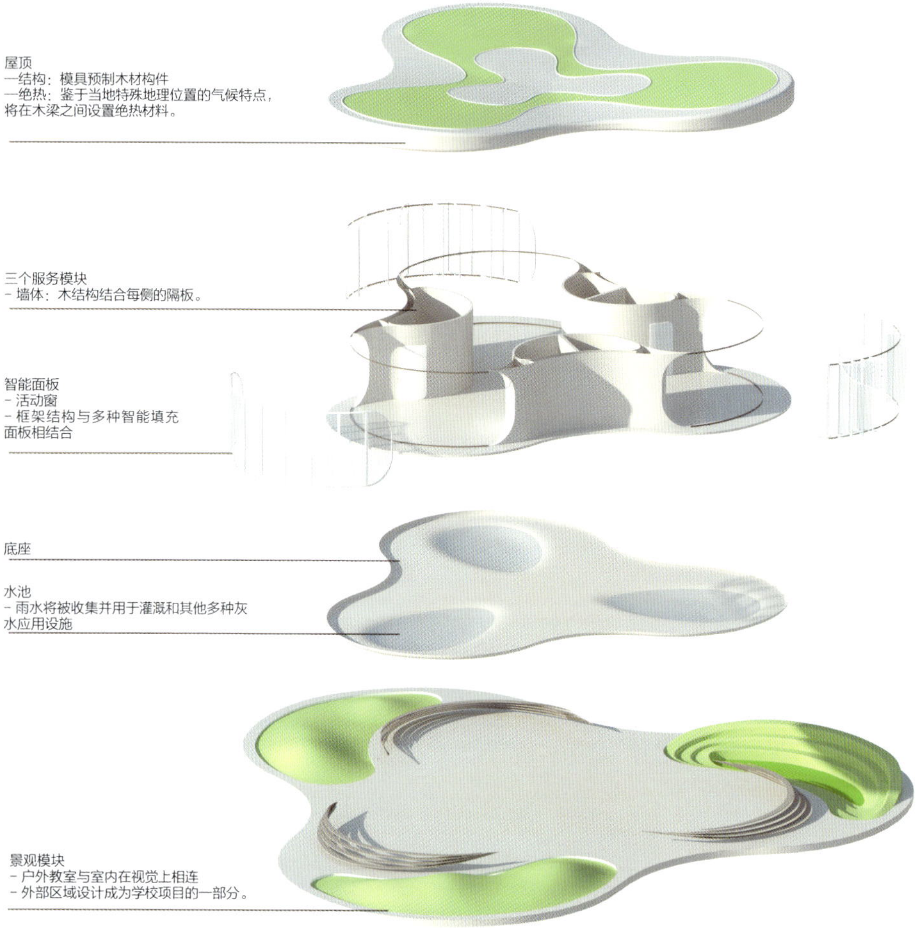

屋顶
—结构：模具预制木材构件
—绝热：鉴于当地特殊地理位置的气候特点，将在木梁之间设置绝热材料。
三个服务模块
- 墙体：木结构结合每侧的隔板。
智能面板
- 活动窗
- 框架结构与多种智能填充面板相结合
底座
水池
- 雨水将被收集并用于灌溉和其他多种灰水应用设施
景观模块
- 户外教室与室内在视觉上相连
- 外部区域设计成为学校项目的一部分。

炎热气候
遮阳保护和畅通的空气流动在炎热环境下极为重要。
遮阳保护延伸到教室空间之外，并在休息时间保护儿童不受暴晒。

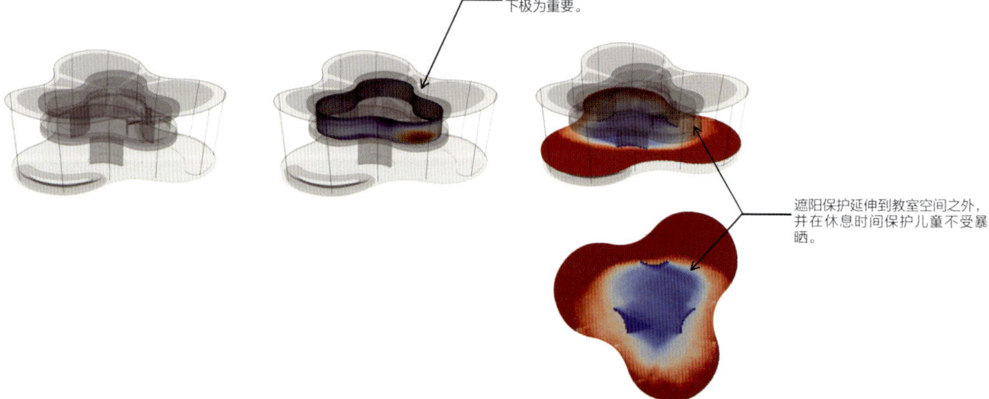

这种细胞式的“学习空间”强调了人类与自然及科技之间的联系。“三轴”几何形状允许每个模块相互连接，由小型的单个学习空间形成一个大的群组。这使建筑适应未来的学习方式以及未来的教学模式。未来的教室适于多种用途，不同的构造方法以及多边的气候环境和地形地貌。通过简单的可变化的系统将教室和景观融为一体。

预制结构

利用低碳、低成本生物材料制作成预制建筑构件，预制构件都可以作为完整单元进行拆卸。建筑构件可以通过简单的连接方式相互连接。

雷乌斯 112 大楼
Reus 112 Building

项目概况
项目地点： 西班牙 塔拉戈纳省 雷乌斯
建筑师： ACXT Arquitectos, Marco Suárez
总面积： 14985 m^2
建成时间： 2010 年
获奖： LEED 银质认证
摄影： Adriá Goula

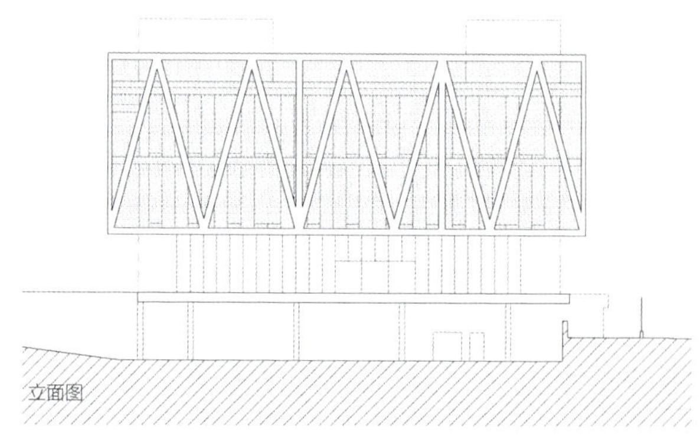
立面图

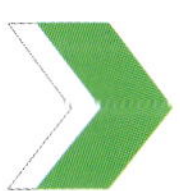

新范式

雷乌斯 112 应急管理中心大楼是加泰罗尼亚地区紧急情况管理与服务系统的新范式，成为西班牙第一个拥有 LEED 认证的公共设施建筑。大楼实现了一种全新的建筑类型，集中了负责加泰罗尼亚地区负责紧急情况管理的各个部门。在此之前，这些部门分散分布于该地区，电话系统分立，互不共享技术体系。现在各部门在同一大楼办公，技术与工作进程实现同步，所有热线全都代之以一个统一的 112 紧急电话号码。从而使紧急情况管理工作效率及协调性将大为提高。

注释

LEED 认证：由美国绿色建筑协会（USGBC）颁发的绿色建筑评分体系。

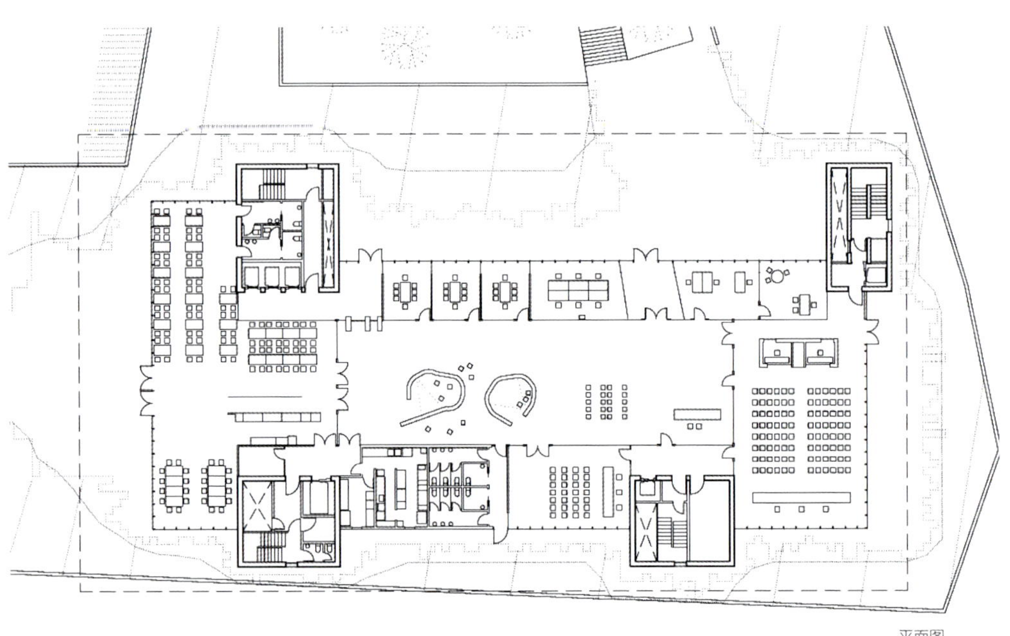

平面图

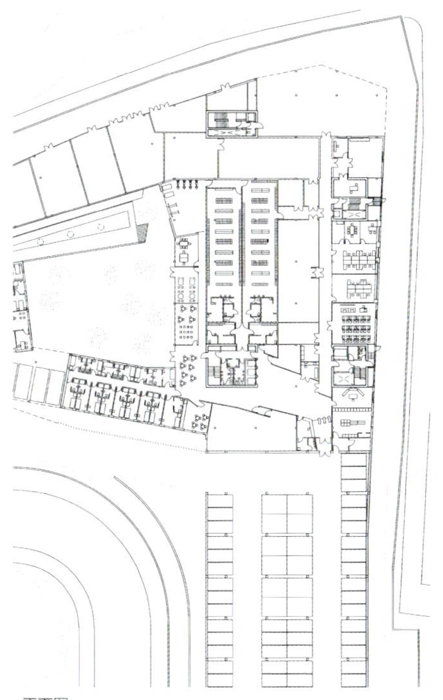
平面图

理念

以清晰、简明的项目工具为基础的组织体系，得到该综合体建筑的有效利用，有助于规范各种多元化需求，并重点解决其中的重要问题：场地规模：位于用地内，与基础设施及人工景观的关系；社会与运作方的关系（之前被掩盖）：建筑外部展现出紧急情况管理系统日夜待命。各运作部门集中到一幢大楼：一个单一的大楼便容纳下所有部门，白色贯穿并统一了全部空间；各执行部门之间的关系：促进协同效应的普通空间。为了促进各执行部门的协同合作，办公室围绕一个开敞的空间分布，自然光可以由外而内照射进来，散布至每个房间内部。

形制和功能

建筑在水平维度上分为三层：底层服务区、公共区域及工作区。底层服务区（停车场、更衣室、储藏室、休息区、物业服务）根据地形特点的变化分布。其屋顶为环境提供了一处景观空间，与位于一楼的公共空间（会议室、复印室、餐厅）贯通。这一层坐落于下层生长的油橄榄树树冠之上，视野极佳，并引入了其他楼层：办公区的盒装空间。盒装的办公区域由大型的金属结构和塑料网构成。金属结构除了满足办公室的功能需求之外，还为今后楼层中进行灵活的功能分区提供了可能。使办公人员可以根据日后新的紧急情况处理规则进行整合。坚固的外形、白色的基调、中性的形式，完全符合办公机构的功能特征。

可再生能源技术应用

大楼除了符合所有西班牙节能法规之外，还获得了“LEED 银质认证”。这不仅代表着建筑在节能方面的价值，而且标志着建筑人员按照严格的建筑施工规程完成了整个工程。它还意味着在项目完工后，将使用先进的楼宇管理设备和模式，例如提倡公共交通工具以及拼车出行等。大楼系统设计节水 50%，较普通建筑减少能耗 34%。其中一套引人注目的设备是利用数据处理中心产生的废热来加热大楼所需热水，并利用地热系统来为更衣室加热 / 制冷。为了保证工作正常开展，建筑内外部都采取了高安全措施，确保一年 365 天每天 24 小时有效运行。大楼主要服务设施（电力、通讯、空调系统）随时待命，在失去外界有效供给的情况下，大楼可以自主运行至少 5 天。自供电系统的发电机动力来自燃料水槽和蓄水池中的饮用水。

雷乌斯 112 大楼项目采用被动式与主动式结合的方法对太阳能进行利用。被动方法通过建筑朝向和对环境的布置以及对建筑内外空间的处理，对太阳热能进行选择、分配、集取等。天井结合天窗的设计，为建筑引入了自然光和自然通风。建筑安装了阳光过滤设备，以阻挡过度的太阳辐射进入建筑。还采用了高效节能窗。盒装的办公区域由大型的金属结构和聚乙烯网构成，避免太阳对建筑外表面的直接辐射，同时不需在外墙设置开窗。使建筑的整体感更加完整。还应用了强化保温隔热措施，性能优于相关规范要求。使用的 Low-E 玻璃具有较低的传热系数（$U= 1.3\ W/m^2 \cdot K$）。太阳辐射减少 72%。项目还采取了主动式太阳能利用技术。太阳能集热器组成的太阳能热水系统与数据中心余热回收系统相结合，为建筑提供生活热水。屋顶设有光伏电池板，太阳能光伏发电系统为建筑提供部分电能。

建筑采用环保制冷剂“自然冷却”的高效余热回收空调设备。其中一套引人注目的设备是利用数据处理中心产生的废热来加热大楼所需热水，并利用地热系统来为更衣室加热 / 制冷。设备所需热能的 80%来自余热回收数据处理中心，其余的由太阳能集热器提供。地热井和衣帽间地板辐射供暖设备有助于营造舒适宜人的室内热环境。卫生间节水系统包括传感器、双抽水马桶等，实现了灰水再循环，卫生间利用循环水冲水。绿地灌溉用雨水收集槽置于地下。根据设计，系统将节水 50%。

地热能技术应用

地热能是地球内部储存的热能，地球深层放射性元素衰变产生的热能及地球浅层吸收的太阳能均属于地热能。主要形式有地下热水、水蒸气及蕴藏在地球表面浅层土壤中的热量。

利用地热资源的方式主要有：地热发电技术、地热直接供暖、地热医疗、生物培育、休闲娱乐等。

地热采暖系统是一种清洁环保的供热方式，避免了二氧化硫、粉尘等燃烧废物对空气的污染。地热供暖还可节约费用，成本是燃油气锅炉的10%。地热供暖以若干地热井为热源，主要由开采系统、传输分配系统、中心泵站和室内装置三部分组成，向建筑物提供供暖、生活热水、工业生产用热。比较常用的有：利用水泵直接将地下热水送入用户，使用后排出或回灌的直接供暖系统；设置井口换热器分开地热水与循环管路的双管系统；和直接供暖系统与间接供暖系统结合的混合系统，主要利用地热热泵、调峰锅炉实现。

其他绿色可持续设计

优惠停车区域可供混合动力车辆充电

采用可持续材料：水性涂料、再生木材等。

控制系统：测量及自动控制设备；

车库自然通风；

屋顶花园种植本地植物，用水量低；

最优化利用原有地形，依据地势重用土地，建成直升飞机场；

高效节能灯系统。

克拉根福省立医院

Provincial Hospital in Klagenfurt

© Herttna Hurnay

项目概况

建筑设计： Dietmar Feichtinger Architectes
Architects Collective AC

建筑面积： 127000 m^2

获奖： 欧盟绿色建筑证书
2010 年科林斯建筑大奖
2011 年 欧盟密斯 · 凡 · 德罗大奖提名
2011 年 奥地利委托人奖

摄影： Hertha Hurnaus

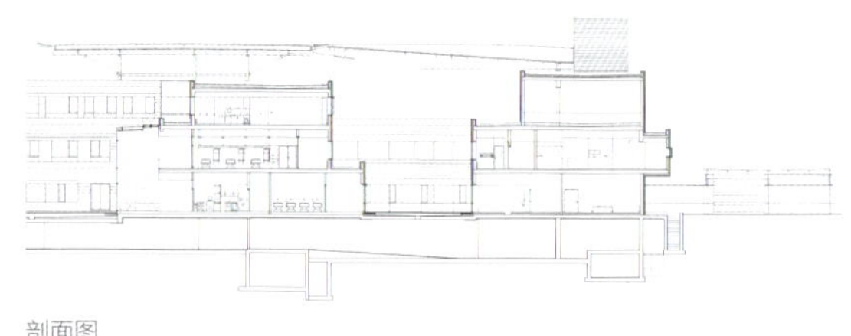

剖面图

© Herttna Hurnay

© Herttna Hurnay

克拉根福省立医院的新建项目在许多方面独具创新。拥有最先进的医疗技术，并配备雄厚的综合诊疗设备（手术室、诊室、处置室及后勤保障），这座新建医院在全欧洲处于领先地位。即使在完工之前，它就已经为未来的发展树立了榜样。医院占地 23hm^2，50 座楼宇组成了供应中心（VEZ）及临床医疗中心（CMZ）两个医疗中心。建筑设计理念在定义这座医院的现代性中发挥了重要作用。设计精良的庭院在确定建筑的基地问题上起到决定性作用。建筑物在庭院中面向场地开敞，并为使用者提供了更多的私密空间。两条主要的交通路线在水平方向上对建筑的形态进行强化：一条是向北的折线通道，一条是连接诊室和治疗区域的直线廊道。大型多层玻璃幕墙为候诊区和分诊去创造了亲切、通透开敞的环境。

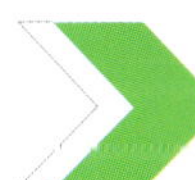

如何利用建筑色彩节能

明亮，自然采光的房间被设计为与庭院紧密联系，以提供舒适的住宿环境。材料的颜色和光洁度根据日光的变化而变化，使庭院变亮或变暗。深色的外立面对建筑物的热工性能有积极的作用。建筑表面玻璃幕墙和包钢部分相交替，使外表面形成鲜明的节奏。黄色的窗子为长时间工作的使用者增添了生机和活力。

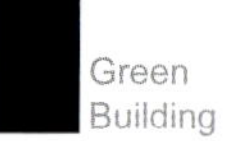

© Herttna Hurnay

© Herttna Hurnay

© Herttna Hurnay

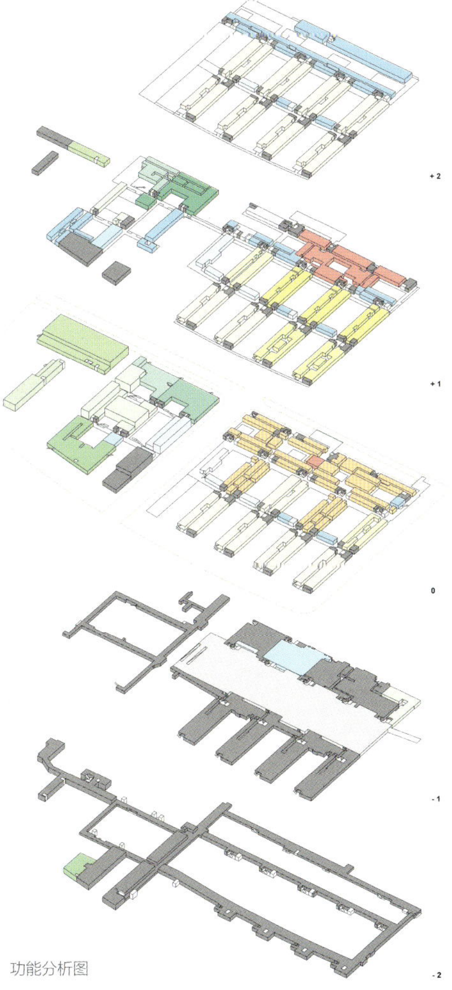

功能分析图

门厅
住院部
日程护理
中级护理
重症护理
诊断室
外科
服务台
衣帽间
办公室
物流 / 储备间
垃圾处理
干洗室
厨房
取药处
消毒间
实验室
通信服务处
技术处
停车

欧盟绿色建筑证书

成立于 2005 年的欧洲委员会“绿色建筑认证”，旨在改善欧盟国家建筑物的能源效率。要通过认证，建筑物必须较 OIB（奥地利建筑科技研究所）六号导则的最低值（在加热和制冷方面）节约能源25%以上。OIB 是欧盟 EPBD（建筑能耗导则）在奥地利关于建筑整体节能的执行版本。到目前为止欧盟已经有 500 多座绿色建筑已经获得了该项认证，其中有 30 多座为奥地利建筑，已通过其合作方奥地利可持续建筑学会（GNB）认证。

2011 年 9 月，经其业主推荐，克拉根福医院荣获 CMZ（外科医疗中心）认证，成为奥地利第一家获此认证的医院。大楼具有紧凑的建筑结构、良好的保温外壳。HVAC 采暖通风空调系统采用最优化的余热回收技术系统。还运用热电联产技术，装配区域供热系统，热源为 VEZ 区域供热中心。中央控制系统保证了较低的制冷需求，并配有可移动外遮阳系统以及节能照明系统。建筑北部应用了辐射检测—遮光控制系统，东部、西部和南部安装百叶窗，并配备建筑控制管理系统（BMS）。建筑组件具有 U 值性能良好（屋顶平台为 0.17，外墙为 0.2）。大多数 2 层玻璃 U 值为 1.1，在候诊区和中庭大多数为 U 值 0.7 的 3 层玻璃。建筑的供暖需求和制冷需求分别较 OIB 导则指导标准值低 36% 和 41%。这样可以医院节省电力 4 兆 kw · h，每年约相当于两个水力发电厂的发电量。

© Herttna Hurnay

© Herttna Hurnay

© Herttna Hurnay

© Herttna Hurnay

© Herttna Hurnay

© Herttna Hurnay

© Herttna Hurnay

© Herttna Hurnay

热电联产技术

热电联产，是指在同一电厂中将供热和发电联合在一起，简称 CHP。热电联产将普通电厂本来废弃的热量加以利用，为产业和家庭提供廉价的取热用热，这样可大大进步热效率。通常的火力发电，其效率约为 30%~35%。这意味着每产出 1 兆焦的电能，就有 2 兆焦的热量白白浪费掉。将这部分热量重新用来加热水，完全可以满足工厂四周区域的工厂和住宅区的取热需要。热电联产通常采用蒸气轮机驱动发电机发电，而将废气用来对现有锅炉装置补充加热，其总效率可达 80%。

© Herttna Hurnay

© Herttna Hurnay

© Herttna Hurnay

© Herttna Hurnay

© Herttna Hurnay

© Herttna Hurnay

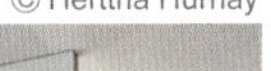
© Herttna Hurnay

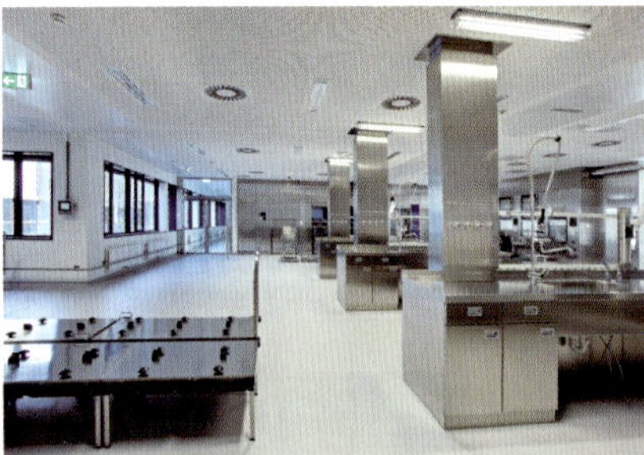

© Herttna Hurnay

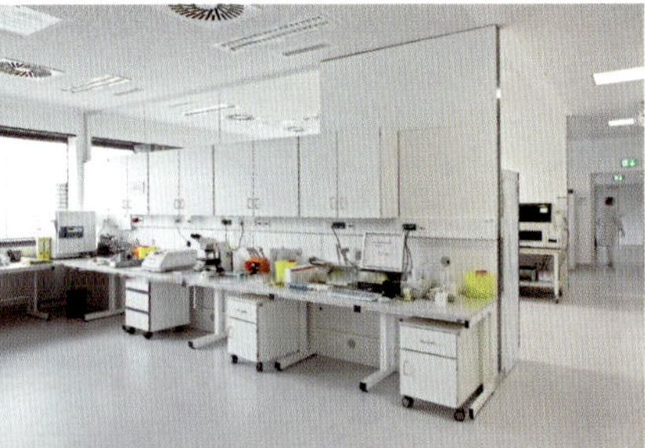

© Herttna Hurnay

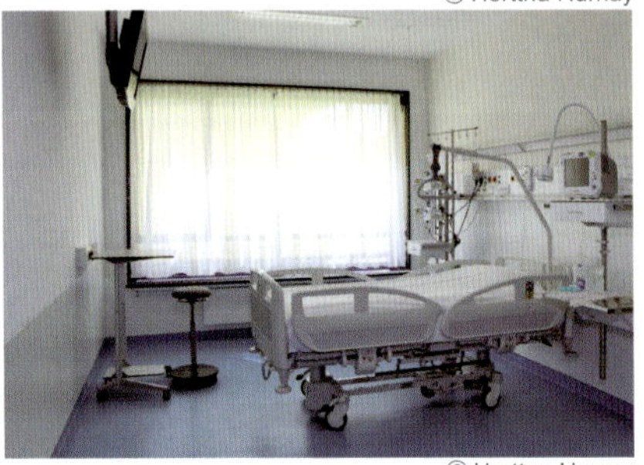

© Herttna Hurnay

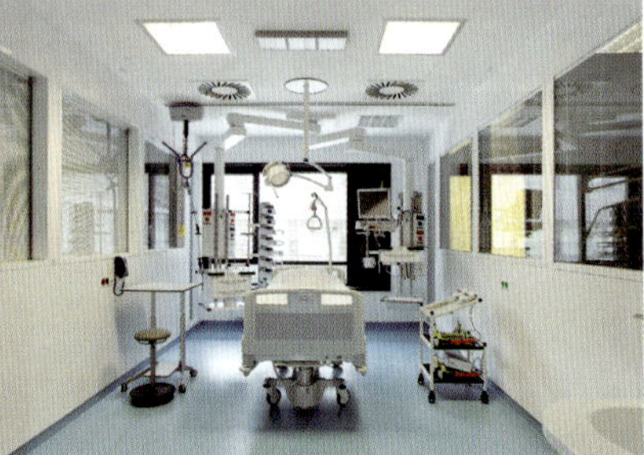

© Herttna Hurnay

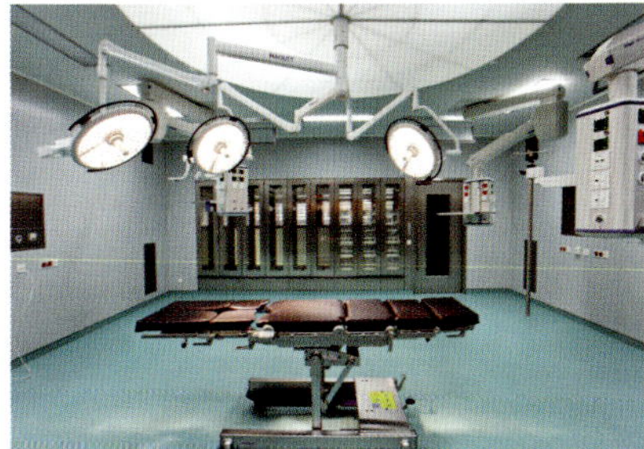

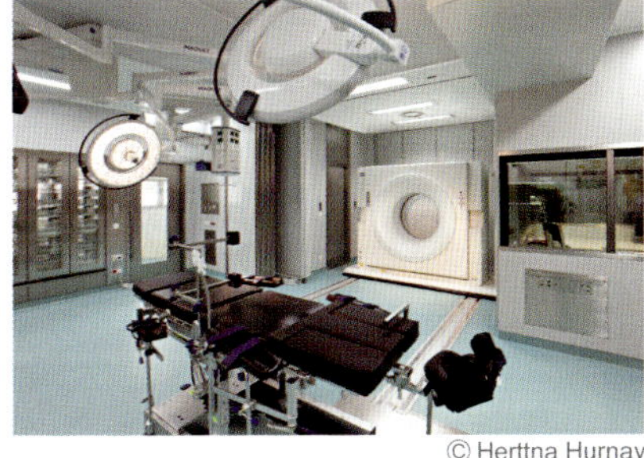

© Herttna Hurnay

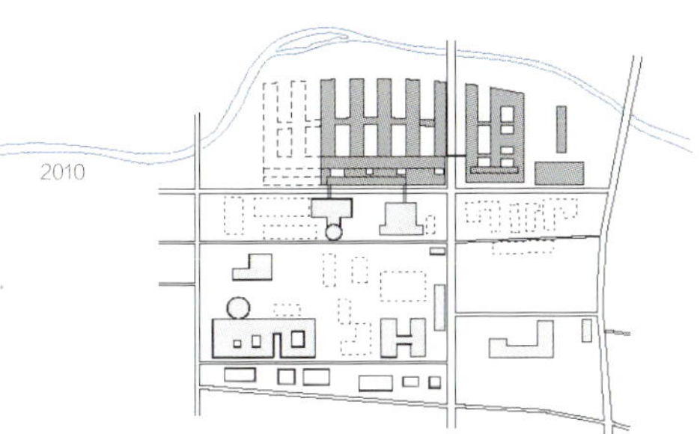

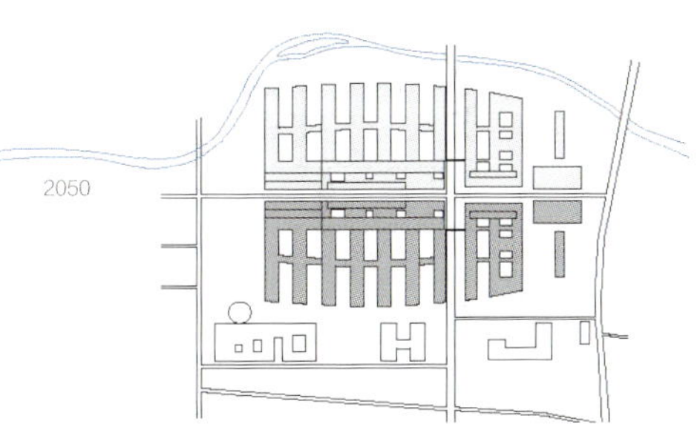

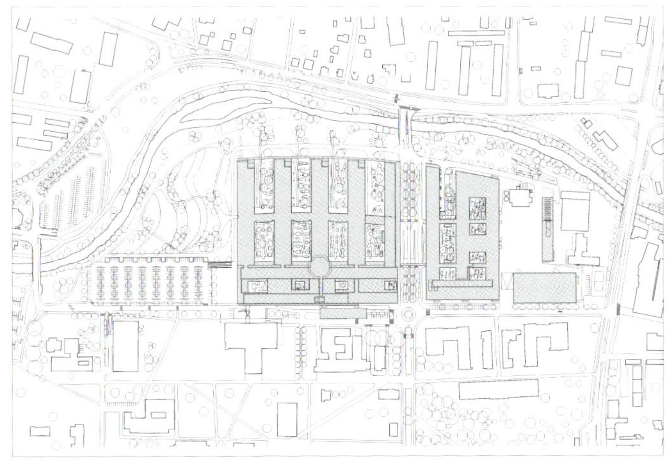

总平面图

英国国家海事博物馆
National Maritime Musewm

© Julian Weyer

项目概况

项目地点：英国 伦敦

建筑设计：C. F. Molϕler Architects

项目面积：7300 m²

落成年份：2011 年

摄影：Julian Weyer, Benedict Luxmoore, Edmund Sumners, and National Maritime Museum

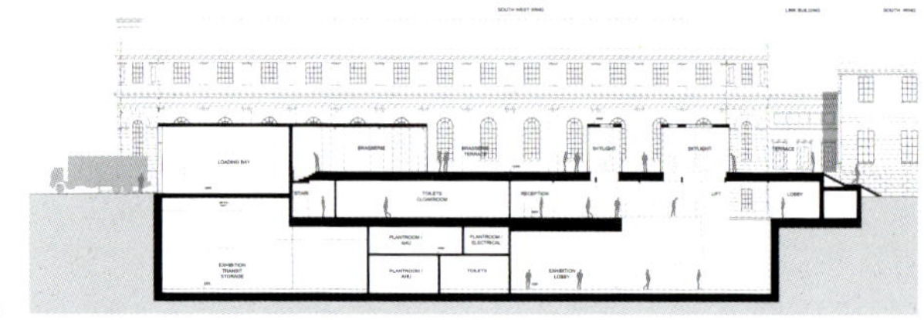

剖面图

位于伦敦的英国国家海事博物馆扩建项目由 C. F. Møller 建筑师事务所设计。该博物馆是英国的第七大旅游目的地，也是“格林威治世界海事遗产”的组成部分。博物馆设置于建于 1807 年的古建筑之中。公园结合了许多在欧洲首屈一指的巴洛克式建筑，也是英国航海史的重要组成部分。

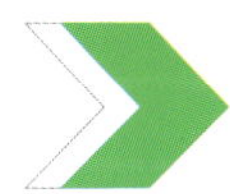

可再生能源技术应用

新楼的绿色屋顶上有一个公共景观露台，可俯瞰公园，从各个楼层均可通过缓坡到达露台，这种设计更使建筑融入了公园景观。节能改造是项目的一项重要工程。建筑安装了雨水收集系统。降落到建筑表面的雨水被收集存储起来重新利用。地冷（热）设备也应用于博物馆的热力系统。中央采暖和制冷系统吸取地热来满足博物馆部分需求。温度湿度对于展品保存非常重要，并为参观者及研究人员提供舒适的室内环境。同时，建筑师还采用了被动的太阳能可持续利用措施。建筑设计利用了太阳能供暖、制冷。建筑安装了太阳能遮光板，用来将太阳光直射减少到最低，同时保证自然光能够进入内部空间。建筑外墙具有高性能隔热的特性，气密围护结构消除了热桥问题。巴洛克式的窗子都采用了 Low-E 玻璃，LED 照明系统体现了绿色照明的概念。

扩建项目的主要创意来源于2006年C. F. Møller建筑师事务所在国际竞标中的优胜方案——确保进行最少的改造，同时建造一个全新的与众不同的主入口并扩建展览空间。此外还有新咖啡馆、餐厅、图书馆，以及能满足存储历史文件需求的档案馆。设计方案创造了一个依地势而建的全新主入口。同时，新建建筑大部分都位于地下（5500m^2）。

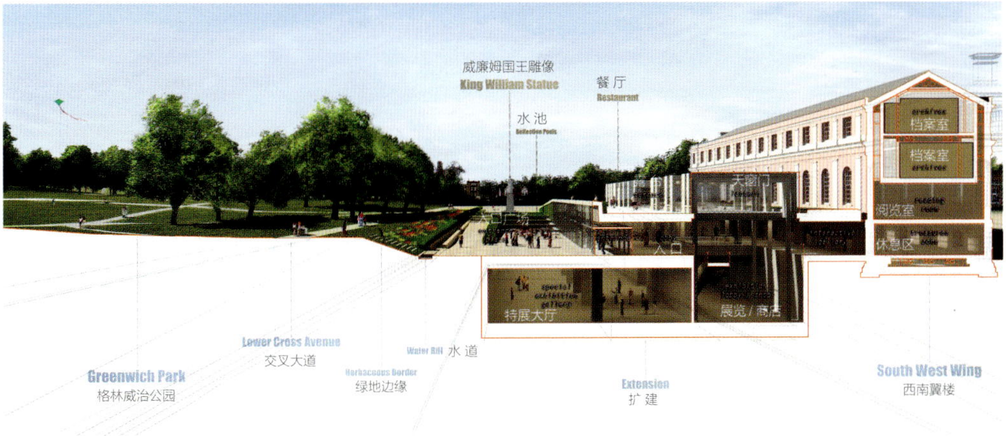

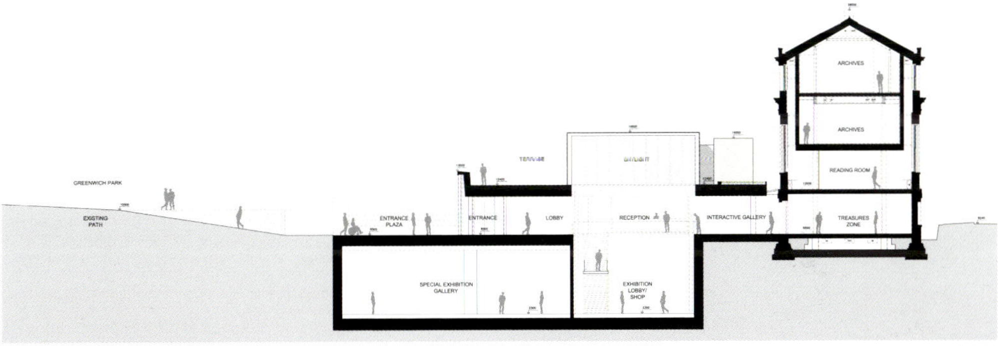

剖面图

LED 照明系统

LED（Light Emitting Diode）被认为是 21 世纪的照明光源。LED 发光器件是冷光源，是一种固态的半导体器件，它可直接把电转化为光，LED 的心脏是一个半导体的晶片，晶片的一端附在一个支架上，一端是负极，另一端连接电源的极，使整个晶片被环氧树脂封装起来。半导体晶片由两部分组成，一部分是 P 型半导体，在它里面空穴占主导地位，另一端是 N 型半导体，在这边主要是电子。但这两种半导体连接起来的时候，它们之间就形成一个“P-N 结”。当电流通过导线作用于这个晶片的时候，电子就会被推向 P 区，在 P 区里电子跟空穴复合，然后就会以光子的形式发出能量，这就是 LED 发光的原理。而光的波长也就是光的颜色，是由形成 P-N 结的材料决定的。

LED 光效高，工作电压低，而同样亮度下，LED 能耗为白炽灯的 10%，荧光灯的 50%。LED 寿命可达 10 万小时，是荧光灯的 10 倍，白炽灯的 100 倍。用 LED 替代白炽灯或荧光灯，环保无污染。使用安全可靠，便于维护。

手绘图

手绘图

HIGH ARCTIC
© Julian Weyer

NATIONAL MARITIME MUSEUM
© Julian Weyer

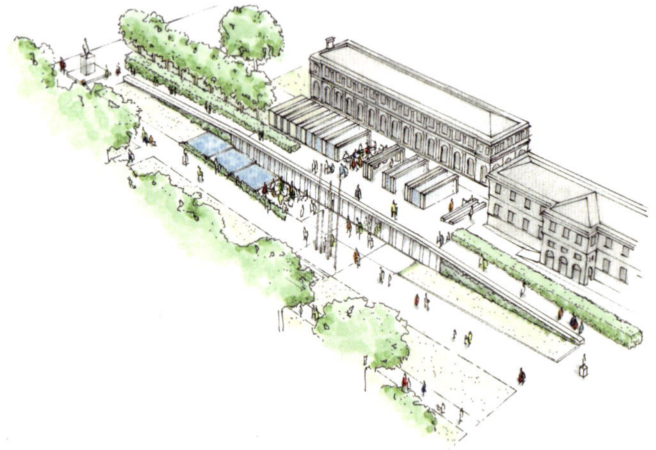

手绘图

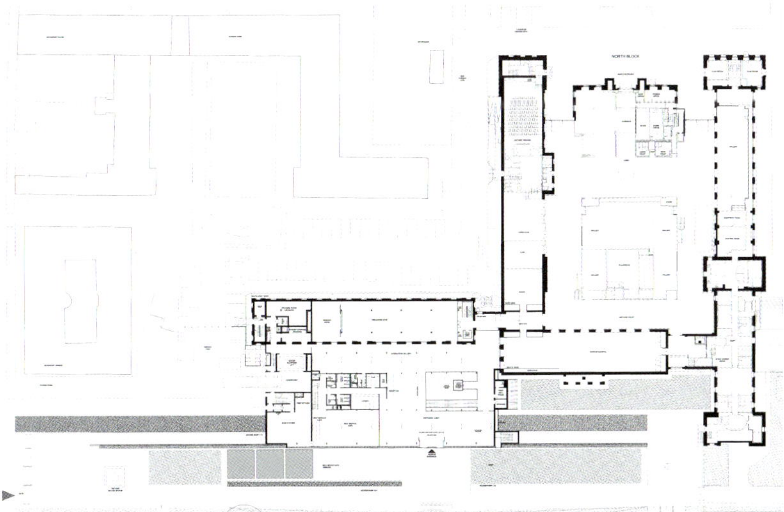

平面图

龙头寺公园入口建筑

Entrance Building in Longtou Temple Park

项目概况

项目地点： 中国 重庆

建筑面积： 3200 m²

建筑设计： Collignon Architektur nud Design GmbH
in cooperation with IBO

中国重庆市中心新建了一座大型景观公园“龙头寺公园”。科力尼翁与意波公司合作共同设计了两座地标建筑，作为可持续建筑设计的展示项目。考虑到当地 30 ℃的高温气候，我们为这些建筑营造了一个气候友好、节能的全新理念。
入门建筑标志着公园的大门。灵活的 L 型办公楼围绕开放的 L 型中庭和正方形会议楼，这个立方体建筑都是用耐候钢板建造。从建筑上，这项目是一个由坚实的钢板立方体构造而成，建筑的棱顶有一个金色的配楼。建筑的外形给人由木质薄板构成的视觉。

烟囱效应

烟囱效应（Stack effect），又称堆栈效应，是利用热空气上升的原理，在建筑上部设排风口可将污浊的热空气从室内排出，而室外新鲜的冷空气则从建筑底部被吸入。热压作用与进、出风口的高差和室内外的温差有关，室内外温差和进、出风口的高差越大，则热压作用越明显。在建筑设计中，可利用建筑物内部贯穿多层的竖向空腔——如楼梯间、中庭、拔风井等满足进排风口的高差要求，并在顶部设置可以控制的开口，将建筑各层的热空气排出，达到自然通风的目的。与风压式自然通风不同，热压式自然通风更能适应常变的外部风环境和不良的外部风环境。

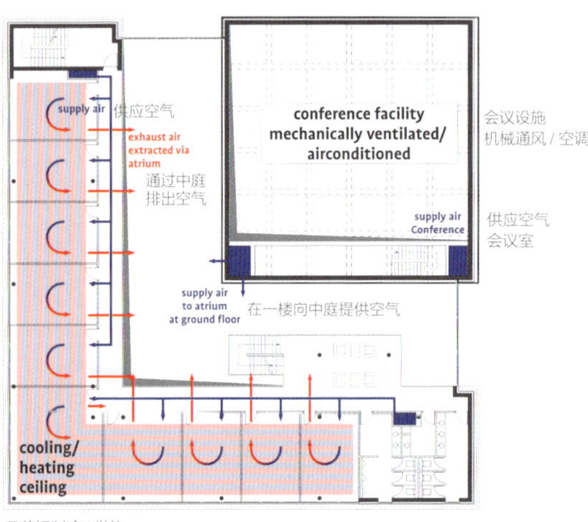

入口处建筑循环示意图 2 层

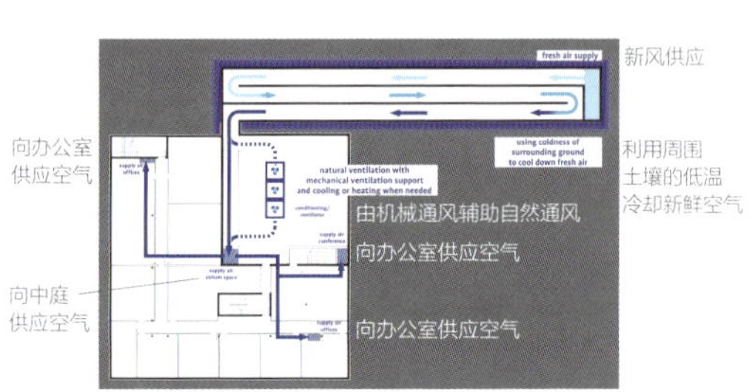

入口处建筑循环示意图 地下二层

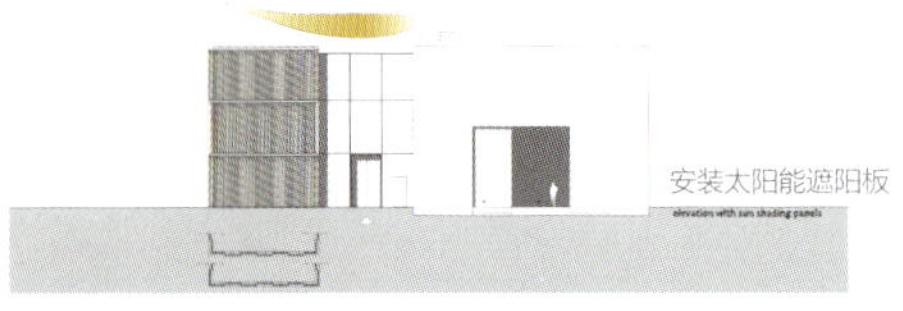

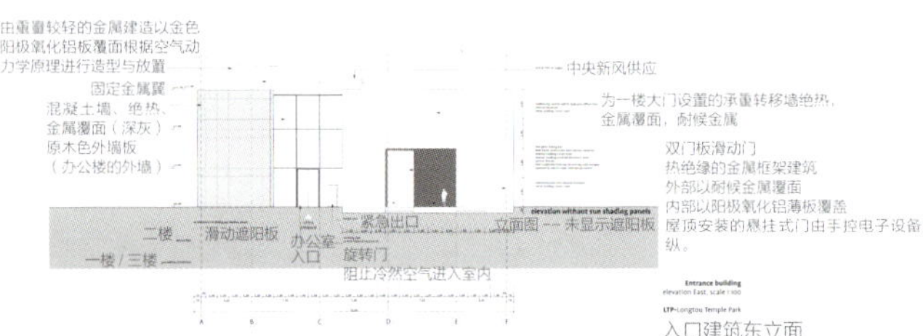

入口建筑东立面

可再生资源技术应用

建筑外部的南面采用多层日晒防护措施，这种设计限制热量的传送，保持在 8%~30% 之间。最外面的隔热层由可以调节的木条做成的滑动面板组成，这样可以随着太阳的位置和里面亮度需要来做出调整。相邻的是布满整个写字楼外部宽度的水槽，配有喷洒器，可以利用水的蒸发来达到自然降温的效果。办公楼、会议室和中庭都采用自然通风。中庭上大的配楼面向常风向。顺着翼板的主要部分，过往的风创造了一个低压区域，通过中庭里的热空气流的上升，形成对流，可以截留到新鲜的空气。新鲜的空气通过泥土通道流入大楼，用周围土壤自然低温冷却的方式降温。在高峰气候条件下，通风和空气调节系统可以获得机械支持。楼顶的太阳能板是这些系统的冷热能的来源。

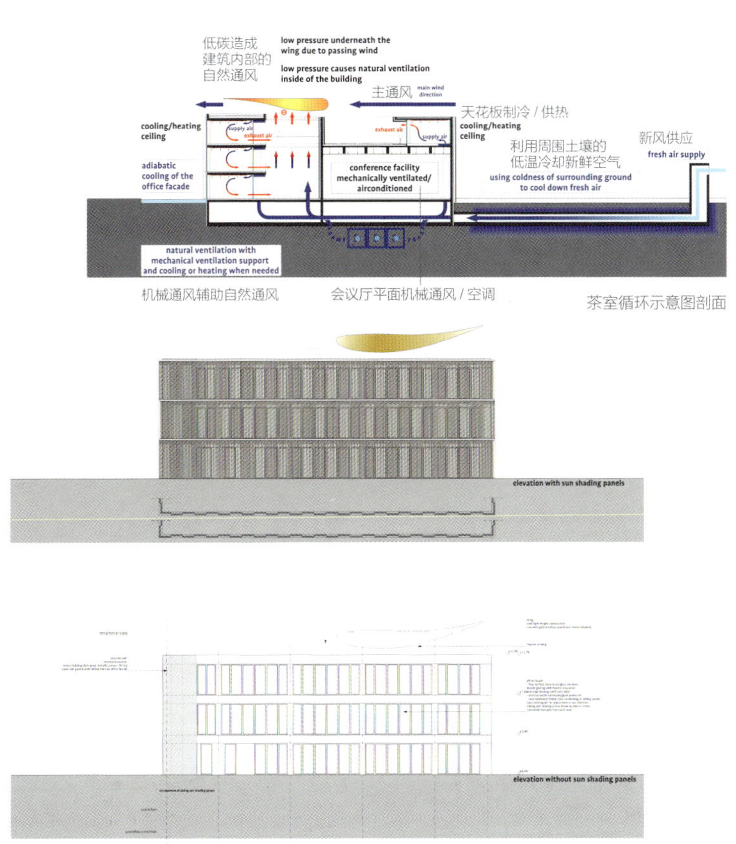

茶室循环示意图剖面

入口建筑西立面

入口建筑——层平面图

斯德哥尔摩至芬兰及波罗地海轮渡新航站
VÄRTATERMIN ALEN STOCKHOLM

项目概况

位置：瑞典 斯德哥尔摩

总面积：16500 m^2

新海关建筑：1100 m^2

建筑设计：C.F.MOLLER ARKITEKTFIRMAET

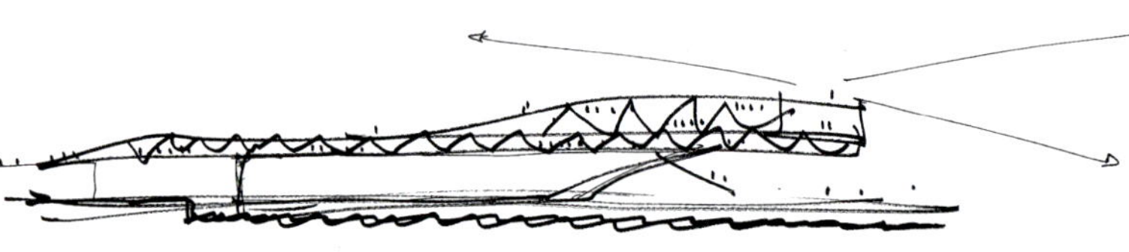

创作意向图

斯德哥尔摩至芬兰及波罗地海轮渡新航站将在建筑方面和环境方面成为城市的一个新地标。出发大厅外墙由膨胀网覆盖，形状如同航行的大船，建筑附有大型起重机和仓库，为港口特色定下基调。同时，航站设计创造性运用了可持续技术理念，成为整个项目的鲜明特点。

风能

风是地球上的一种自然现象，它是由太阳辐射热引起的。太阳照射到地球表面，地球表面各处受热不同，产生温差，从而引起大气的对流运动形成风。风能就是空气的动能，风能的大小决定于风速和空气的密度。

人类利用风能的历史可以追溯到公元前，但数千年来，风能技术发展缓慢，没有引起人们足够的重视。但自1973年世界石油危机以来，在常规能源告急和全球生态环境恶化的双重压力下，风能作为新能源的一部分才重新有了长足的发展。风能作为一种无污染和可再生的新能源有着巨大的发展潜力，特别是对沿海岛屿，交通不便的边远山区，地广人稀的草原牧场，以及远离电网和近期内电网还难以达到的农村、边疆，作为解决生产和生活能源的一种可靠途径，有着十分重要的意义。

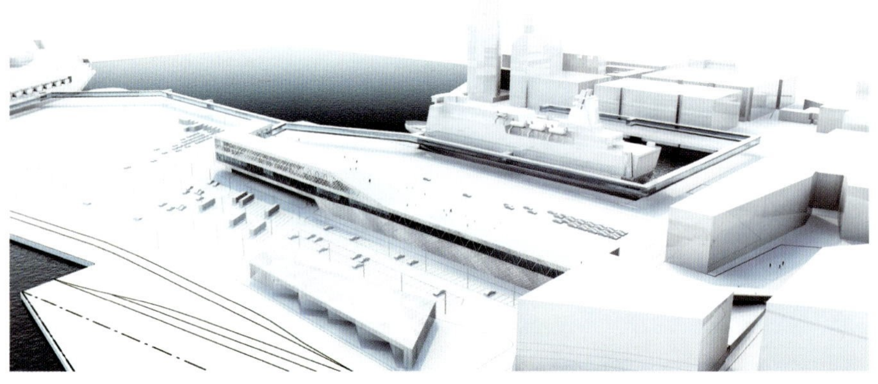

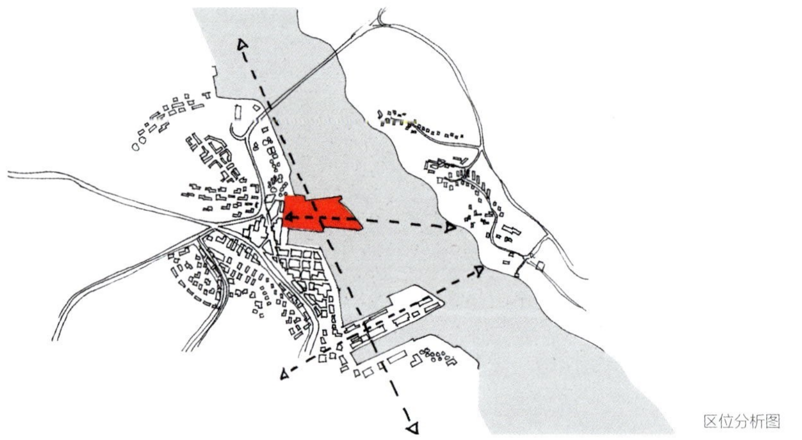

区位分析图

可再生能源技术应用

轮渡航站楼的目标是实现能源自给自足，成为环境建设的典范楷模。所以大楼建设将集成太阳能和风能等能源，并在屋顶露台设置绿化。根据规划，通过设置电视屏幕、提高公共可持续建设理念，建筑中的人们将切身体会可持续发展方面的努力。设计的主要理念是通过航站楼在斯德哥尔摩市中心和新城区之间建立一条自然的纽带，这样城市生活就会自然流入这一区域。所以航站楼被设计为新城区的一级，方便行人和货物到达。同时大楼的屋顶设计为拥有多种绿色景观的绿色屋顶，设有楼梯、斜坡、和休息区，吸引当地市民和旅客来此休息，同时欣赏渡口、海岛和城市天际线的美景。

PUBLIC PROMENADE
TERRACE
RESTAURANT
CHECK-IN
CUSTOMS
PARKING

剖面图

立面图

立面图

stad
hamn

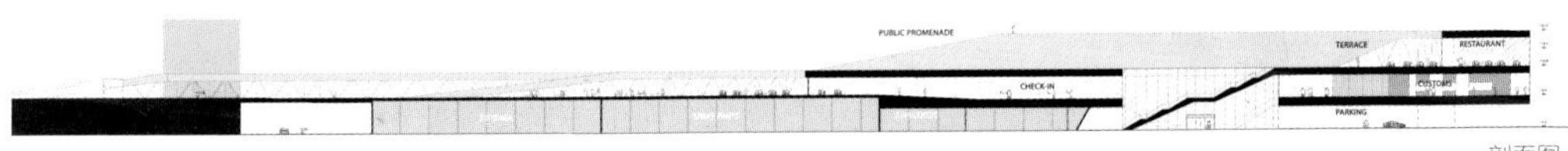

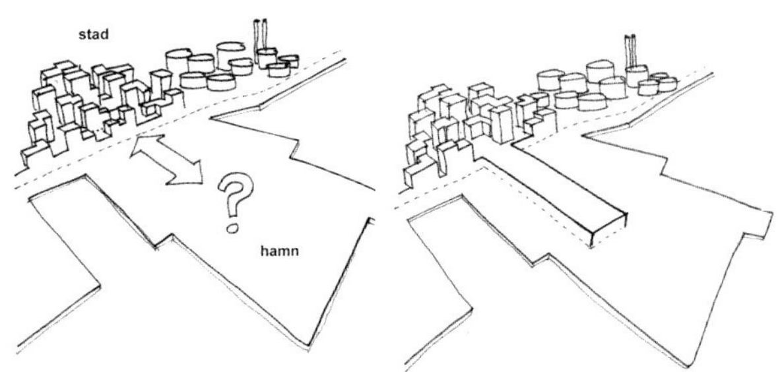